T0192766

Wissenschaftliche Reihe Fahrzeugtechnik Universität Stuttgart

Herausgegeben von
M. Bargende, Stuttgart, Deutschland
H.-C. Reuss, Stuttgart, Deutschland
J. Wiedemann, Stuttgart, Deutschland

Das Institut für Verbrennungsmotoren und Kraftfahrwesen (IVK) an der Universität Stuttgart erforscht, entwickelt, appliziert und erprobt, in enger Zusammenarbeit mit der Industrie, Elemente bzw. Technologien aus dem Bereich moderner Fahrzeugkonzepte. Das Institut gliedert sich in die drei Bereiche Kraftfahrwesen, Fahrzeugantriebe und Kraftfahrzeug-Mechatronik. Aufgabe dieser Bereiche ist die Ausarbeitung des Themengebietes im Prüfstandsbetrieb, in Theorie und Simulation.
Schwerpunkte des Kraftfahrwesens sind hierbei die Aerodynamik, Akustik (NVH), Fahrdynamik und Fahrermodellierung, Leichtbau, Sicherheit, Kraftübertragung sowie Energie und Thermomanagement – auch in Verbindung mit hybriden und batterieelektrischen Fahrzeugkonzepten.
Der Bereich Fahrzeugantriebe widmet sich den Themen Brennverfahrensentwicklung einschließlich Regelungs- und Steuerungskonzeptionen bei zugleich minimierten Emissionen, komplexe Abgasnachbehandlung, Aufladesysteme und -strategien, Hybridsysteme und Betriebsstrategien sowie mechanisch-akustischen Fragestellungen.
Themen der Kraftfahrzeug-Mechatronik sind die Antriebsstrangregelung/Hybride, Elektromobilität, Bordnetz und Energiemanagement, Funktions- und Softwareentwicklung sowie Test und Diagnose.
Die Erfüllung dieser Aufgaben wird prüfstandsseitig neben vielem anderen unterstützt durch 19 Motorenprüfstände, zwei Rollenprüfstände, einen 1:1-Fahrsimulator, einen Antriebsstrangprüfstand, einen Thermowindkanal sowie einen 1:1-Aeroakustikwindkanal.
Die wissenschaftliche Reihe „Fahrzeugtechnik Universität Stuttgart" präsentiert über die am Institut entstandenen Promotionen die hervorragenden Arbeitsergebnisse der Forschungstätigkeiten am IVK.

Herausgegeben von
Prof. Dr.-Ing. Michael Bargende
Lehrstuhl Fahrzeugantriebe,
Institut für Verbrennungsmotoren und
Kraftfahrwesen, Universität Stuttgart
Stuttgart, Deutschland

Prof. Dr.-Ing. Jochen Wiedemann
Lehrstuhl Kraftfahrwesen,
Institut für Verbrennungsmotoren und
Kraftfahrwesen, Universität Stuttgart
Stuttgart, Deutschland

Prof. Dr.-Ing. Hans-Christian Reuss
Lehrstuhl Kraftfahrzeugmechatronik,
Institut für Verbrennungsmotoren und
Kraftfahrwesen, Universität Stuttgart
Stuttgart, Deutschland

Phan-Lam Huynh

Beitrag zur Bewertung des Gesundheitszustands von Traktionsbatterien in Elektrofahrzeugen

Phan-Lam Huynh
Stuttgart, Deutschland

Dissertation Universität Stuttgart, 2016

D93

Wissenschaftliche Reihe Fahrzeugtechnik Universität Stuttgart
ISBN 978-3-658-16561-1 ISBN 978-3-658-16562-8 (eBook)
DOI 10.1007/978-3-658-16562-8

Die Deutsche Nationalbibliothek verzeichnet diese Publikation in der Deutschen Nationalbibliografie; detaillierte bibliografische Daten sind im Internet über http://dnb.d-nb.de abrufbar.

Springer Vieweg

Gedruckt auf säurefreiem und chlorfrei gebleichtem Papier

Springer Vieweg ist Teil von Springer Nature
Die eingetragene Gesellschaft ist Springer Fachmedien Wiesbaden GmbH
Die Anschrift der Gesellschaft ist: Abraham-Lincoln-Str. 46, 65189 Wiesbaden, Germany

Vorwort

Die vorliegende Arbeit ist im Rahmen meiner Tätigkeit als wissenschaftlicher Mitarbeiter am Forschungsinstitut für Kraftfahrwesen und Fahrzeugmotoren Stuttgart (FKFS) entstanden.

Mein besonderer Dank gilt Herrn Prof. Dr.-Ing. H.-C. Reuss. Er hat diese Arbeit ermöglicht, stets durch Rat und Tat gefördert und durch seine Unterstützung und sein Engagement, auch über den fachlichen Teil hinaus, wesentlich zum Gelingen beigetragen.

Für die freundliche Übernahme des Mitberichts, die Förderung der vorliegenden Arbeit und die äußerst sorgfältige Durchsicht gilt mein Dank gleichermaßen Herrn Prof. Dr. rer. nat. K. A. Friedrich.

Die Grundlage dieser Arbeit bildet die Zusammenarbeit mit der Dekra Automobil GmbH in Form eines mehrjährigen Forschungsvorhabens. Stellvertretend für die Dekra hebe ich hier in besonderer Weise Herrn Dipl.-Ing. (FH) H.-J. Mäurer sowie Herrn Dipl.-Ing. A. Richter hervor, bei denen ich mich herzlich für die zuverlässige Unterstützung, die kollegiale Zusammenarbeit und die stets spannenden fachlichen Diskussionen bedanke.

Ferner bedanke ich mich bei allen Mitarbeitern der beiden Institute FKFS und IVK, hier insbesondere herzlich bei meinen Kolleginnen und Kollegen der Kraftfahrzeugmechatronik sowie bei meinem Bereichsleiter Dr.-Ing. M. Grimm. In gleichem Maße bedanke ich mich bei den hilfswissenschaftlichen Mitarbeitern und den zahlreichen Bearbeiterinnen und Bearbeitern der zugehörigen Studien- und Diplomarbeiten.

Abschließend danke ich von ganzem Herzen meiner Familie sowie meiner Lebensgefährtin Dinh Phan. Sie haben mich stets unterstützt und motiviert. Insbesondere bei der Fertigstellung dieser Arbeit haben sie auch in menschlicher Hinsicht wertvolle Beiträge geleistet. Für die zeitaufwändige und sorgfältige Durchsicht dieser Arbeit bedanke ich mich bei allen Beteiligten.

Phan-Lam Huynh

Vorwort

Inhaltsverzeichnis

Abbildungsverzeichnis

Tabellenverzeichnis

Abkürzungen und Formelzeichen

Abkürzungen

App	*Application*
Bit	*Binary digit*
BMS	*Batteriemanagementsystem*
BMW	*Bayerische Motoren Werke*
CAN	*Controller Area Network*
CC	*Constant Current*
CV	*Constant Voltage*
DC	*Direct Current*
DEV	*Diethylkarbonat*
DID	*Data Identifier*
DMC	*Dimethylkarbonat*
DoD	*Depth-of-Discharge*
EC	*Ethylenkarbonat*
ED	*Electric Drive*
EIS	*Elektrochemische Impedanzspektroskopie*
EMV	*Elektromagnetische Verträglichkeit*
EOBD	*European on Board Diagnostic*
EoL	*End-of-Life*
EUCAR	*European Council for Automotive R&D*
FKFS	*Forschungsinstitut für Kraftfahrwesen und Fahrzeugmotoren Stuttgart*
HPS	*High Power Battery Test System*
HU	*Hauptuntersuchung*
HV	*Hochvolt*
IP	*Internet Protocol*
IU	*Ladeverfahren: Zunächst wird mit konstanten Strom I und anschließend mit konstant gehaltener Spannung U geladen*
ISO	*International Organization for Standardization*
IVK	*Institut für Verbrennungsmotoren und Kraftfahrwesen*
KBA	*Kraftfahrt-Bundesamt*
Kfz	*Kraftfahrzeug*

KWP	*Keyword Protocol*
LCO	*Lithium-Kobaltdioxid*
LEV	*Subfunction Level*
LFP	*Lithium-Eisenphosphat*
Li	*Lithium*
LMO	*Lithium-Manganoxid*
LTO	*Lithium-Titanatoxid*
Max.	*Maximal*
MB	*Mercedes-Benz*
Min.	*Minimal*
NCA	*Nickel-Kobalt-Aluminium*
NMC	*Nickel-Mangan-Kobaltoxid*
NPE	*Nationale Plattform Elektromobilität*
OBD	*On Board Diagnostic*
PE	*Polyethylen*
PID	*Parameter Identifier*
Pkw	*Personenkraftwagen*
PP	*Polypropylen*
SAE	*Society of Automotive Engineers*
SEI	*Solid Electrolyte Interphase*
SFID	*Subfunction Identifier*
SID	*Service-Identifier*
SoC	*State-of-Charge*
SoH	*State-of-Health*
u. a.	*unter anderem*
UDS	*Unified Diagnostic Services*
USA	*United States of America*
USABC	*United States Advanced Battery Consortium*
VC	*Vinyliden Karbonat*
VW	*Volkswagen*
Wh	*Watt-hour*
z. B.	*zum Beispiel*
Z. E.	*Zero Emission*

Formelzeichen

Häufig verwendete Indizes

f	*Vorheriges RC-Glied*
g	*Anzahl der RC-Glieder*
h	*Aktuelles RC-Glied*
Z_k	*Zelle k*

Zeichen	**Einheit**	**Beschreibung**
C	*Ah*	*Transientenkapazität*
C_{Batt}	*Ah*	*Kapazität der Batterie*
C_m	*Ah*	*Gemessene Kapazität*
C_N	*Ah*	*Nennkapazität*
C_o	*Ah*	*Anfangskapazität*
C_{Zelle}	*Ah*	*Kapazität der Zelle*
I	*A*	*Batteriestrom*
I_{Batt}	*A*	*Gesamtbatteriestrom*
l		*Anzahl der seriell verschalteten Zellen*
m		*Anzahl der parallelen Stränge*
Q_b	*Ah*	*Ladungsbilanz*
R	*Ω*	*Widerstand*
R_1	*Ω*	*Ohmscher Widerstand*
R_S	*Ω*	*Selbstentladungswiderstand*
SoC_r	*%*	*Relativer Ladezustand*
T	*°C*	*Temperatur*
tau	s	*Zeitkonstante des RC-Glieds*
U_0	*V*	*Leerlaufspannung*
U_{Klemme}	*V*	*Klemmenspannung*
U_{RC}	*V*	*Spannungsabfall im Zeitbereich des RC-Glieds*

Kurzfassung

Die Elektromobilität ist ein wichtiger Baustein für ein zukunftsfähiges Mobilitätskonzept. Die Zulassungszahlen von Hybrid- und Elektrofahrzeugen steigen stetig an. Aufgrund der neuen Komponenten entsteht mit der wachsenden Präsenz der Elektromobilität in der Gesellschaft der Bedarf an der objektiven Bewertung dieser Fahrzeuge hinsichtlich Sicherheit und Zuverlässigkeit der hinzugekommenen Komponenten und Bauteile.

Bei aktuellen Fahrzeugen wird für die Traktionsbatterie auf die Lithium-Ionen Technologie zurückgegriffen, da sich diese als zuverlässig, beständig und effizient herausgestellt hat. Trotz der Möglichkeit, hohe Energie- und Leistungsdichten zu realisieren, stellt diese Technologie mit ihrer Alterung eine große Herausforderung für den Betrieb und die monetäre Bewertung von Elektrofahrzeugen dar. Der Kunde hat die Anforderung an Hersteller, Werkstätten und Prüforganisationen, jederzeit den aktuellen Zustand des Fahrzeugs bezüglich der möglichen rein elektrischen Reichweite zu erfahren. Vor allem vor dem Hintergrund des großen Kostenanteils des Energiespeichers am gesamten Antriebsstrang ist es für den Kunden von großem Interesse die verfügbare Kapazität, und damit den Wert des Energiespeichers, jederzeit ermitteln zu können. Dieser Bedarf besteht ebenso bei einem Weiterverkauf des Hybrid- und Elektrofahrzeugs.

Im Rahmen dieser Arbeit wird einleitend der Stand der Technik bei Lithium-Ionen Zellen sowie die Diagnosemöglichkeiten allgemein und spezifisch hinsichtlich des Einsatzes bei Hybrid- und Elektrofahrzeugen vorgestellt. Anschließend folgen spezifische, für diese Arbeit relevante Grundlagen bezüglich der Charakterisierung von Lithium-Ionen Zellen. Es folgt die Darstellung der Messungen am Batterieprüfstand zur Analyse des generellen Verhaltens von Zellen bei unterschiedlichen Randbedingungen.

Schwerpunkt dieser Arbeit ist, auf den Ergebnissen der Messungen am Batterieprüfstand basierend, die Methode, den Gesundheitszustand von Traktionsbatterien in Hybrid- und Elektrofahrzeugen ohne den Einsatz von zusätzlicher Sensorik abzuschätzen. Dabei müssen folgende Schritte vollzogen werden: Es muss ein Indikator für den Gesundheitszustand von Energiespeichern mit seinen Abhängigkeiten identifiziert werden, der im Fahrzeug zur Verfügung steht oder ermittelt werden kann. Zur Ermittlung des Indikators und der Randbedingungen steht unter anderem die nach ISO 15031 normierte Schnittstelle für den diagnostischen Zugriff zur Verfügung. Des Weiteren muss die Anwesenheit und Güte der erfassten Werte in einer ausreichenden Qualität sichergestellt werden.

Die vorgestellte Methode wird in ein Verfahren zur vollständigen Diagnose von Hybrid- und Elektrofahrzeugen eingebettet und bietet die Möglichkeit der Erstellung eines Gesamtgutachtens eines Fahrzeugs mit folgenden Inhalten:

- Aufzeichnung von allgemeinen und batterierelevanten Messdaten des Fahrzeugs mit einem statischen und dynamischen Anteil.
- Modellbasierte Vorhersage des aktuellen Gesundheitszustands der Traktionsbatterie.
- Bewertung des Gesundheitszustands der Hochvolt-Batterie im Vergleich zu identischen Fahrzeugmodellen mit vergleichbaren Randbedingungen.

Der praktische Nachweis der entwickelten Methode wird an zwei Fahrzeugmodellen unterschiedlicher Hersteller mit über 350 Testobjekten erbracht. Die Ergebnisse der Untersuchungen an den Testobjekten werden in einer Datenbank zusammengefasst und stellen die Grundlage für die Kennlinien zur Bewertung des Energiespeichers dar. Mit zunehmender Anzahl an Untersuchungsobjekten nimmt die Genauigkeit dieser Kennlinien zu. Es handelt sich um ein lernendes Vergleichsmodell. Die Übertragbarkeit und Anwendung an weiteren Fahrzeugmodellen wird im letzten Teil der Arbeit nachgewiesen.

Abstract

Electromobility is a very important module to achieve the sustainable mobility concept. The steadily increasing number of the registered hybrid and electric vehicles has forced the need for an objective evaluation of these vehicles. These new technologies have introduced new vehicle components, such as the traction battery. Accordingly, the reliability and the safety of the newly added components should be objectively investigated and evaluated.

Nowadays, lithium-ion technology is heavily used for traction batteries in hybrid and electric vehicles due to its reliability, durability and efficiency. Despite the possibility of realizing high energy and power densities, the aging process within this technology represents a major challenge during the operation and monetary evaluation of hybrid and electric vehicles. The customer relies on manufacturers, workshops and test organizations to estimate the current status of the vehicle regarding the possible pure-electric range at any time. Also the large cost share of the energy storage component from the entire drive train is an important impetus for costumer to know the available capacity, in order to determine the value of the traction battery. This interest also exists in case of reselling the hybrid or the electric vehicle.

In this work the state of art of lithium-ion cells, as well as, the diagnostic possibilities in general and specifically regarding the use in hybrid and electric vehicles will be presented as introduction. This part is followed by relevant fundamentals regarding the characterization of lithium-ion cells for this specific work. The presentation of the measurement results on the battery test bench for analyzing the general behavior of cells at different boundary conditions is also part of this effort.

This work is introducing a method to estimate the state-of-health of traction batteries in hybrid and electric vehicles without using additional sensors and is based on the measurement results on the battery test bench. The introduced method has two main requirements: first, defining a reliable state-of-health indicator and its effective factors (dependencies) that can be evoked from the vehicle using the standard diagnostic port after ISO 15031. Second, the evoked data from the vehicle should have a certain minimum availability and accuracy.

The presented method can be embedded within the diagnosis process for hybrid and electric vehicles and can offer the possibility of generating an overall report of a vehicle with the following contents:

- Recording general and battery-relevant data of the vehicle with static and dynamic part.
- Model-based prediction of the current state-of-health of the traction battery.
- Review of the state-of-health of the traction battery in comparison with identical vehicle models with similar boundary conditions.

The practical proof of the developed method is provided for two vehicle models from different manufacturers with more than 350 test subjects. The investigation results are summarized in a database and represent the base for obtaining the characteristic curves for the energy storage evaluation. The characteristic curves accuracy is proportional with number of test objects. The portability and usage for other vehicle models will be demonstrated in the last part of this work.

1 Einleitung

Das Interesse an der Elektromobilität ist in den letzten Jahren aufgrund von wirtschaftlichen und ökologischen Gründen stetig gestiegen. Steigende Kraftstoffpreise, der Klimawandel und der Umweltschutz haben Hybrid- und Elektrofahrzeugen mehr Aufmerksamkeit und eine stärkere Präsenz in der Gesellschaft gebracht. Auch die Förderung der Elektromobilität durch die Bundesregierung mit dem Ziel, bis 2020 eine Million Elektrofahrzeuge auf Deutschlands Straßen zu bringen, zeigt die hohe Bedeutung der Elektromobilität für ein zukunftsfähiges Mobilitätskonzept [1].

Für den Erfolg der Elektromobilität sind zuverlässige, beständige und effiziente Energiespeicher erforderlich. Lithium-Ionen Batterien sind wettbewerbsfähige Energiespeicher aufgrund ihrer Eigenschaften wie hohe Energie-, hohe Leistungsdichte, geringe Selbstentladung, schnelles Laden und ihrer Lebensdauer [2]. Den dargestellten Vorteilen dieser Technologie stehen die hohen Kosten für ein Lithium-Ionen Batteriesystem gegenüber. Die Kosten für das Batteriepack entsprechen 81 % der Gesamtkosten für den Antriebsstrang eines Elektrofahrzeugs [3].

Der Energiespeicher, als ein Schlüsselfaktor für die Marktdurchdringung der Elektromobilität, muss heute und zukünftig bestimmte Eigenschaften aufweisen, um für einen automobilen Einsatz geeignet zu sein. In Abbildung 1.1 ist der Parameterraum von acht relevanten Kriterien aufgespannt, die bei der Entwicklung von Lithium-Ionen Batterien eine entscheidende Rolle spielen [4]. Das Spinnendiagramm zeigt die Weiterentwicklung dieser Parameter im Zeitraum 2016–2025, wobei die Kurven von innen nach außen die Jahre 2016, 2020 (Generation 3a), 2025 (Generation 3b) und 2025 (Generation 4) widerspiegeln. Zu diesen Parametern gehört die maximale Leistung (peak power), für die ein Wert von über 1000 W/kg angestrebt wird. Diese maximal mögliche Leistungsspitze ist verantwortlich für das Beschleunigungsverhalten im Fahrzeug. Hinsichtlich der Sicherheit wird ein EUCAR Level (European Council for Automotive R&D) von vier angestrebt. Dieser Level verhindert bei einer Leckage oder einem Gasaustritt von mehr als 50 % der

Masse Flammen, Brüche und Explosionen [5]. Für die Kaltstartfähigkeit wird eine Leistung von über 300 W/kg angestrebt. Bei der Lebensdauer werden zehn Jahre als Ziel vorgegeben. Es wird eine Reduzierung der Kosten um über 50 % anvisiert. Bei der gravimetrischen und volumetrischen Energie wird im Vergleich zum Jahr 2016 eine Steigerung um über 40 % bzw. um 70 % im Jahr 2025 (Generation 4) als Ziel angegeben. Bei der Schnellladefähigkeit wird eine Zeit von 20 Minuten bis zu einem Ladezustand von 80 % als Zielgröße vorgegeben.

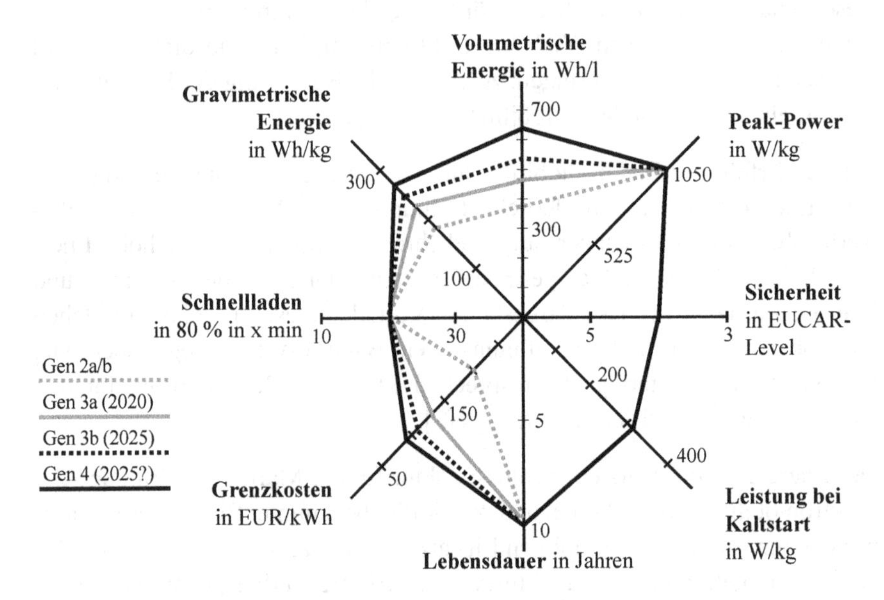

Abbildung 1.1: Batterieparameter für den automobilen Einsatz in Anlehnung an [4]

Für den Einsatz in der Elektromobilität ist es von hoher Bedeutung, jederzeit den aktuellen Zustand des Energiespeichers zu kennen. Dies ermöglicht die Bestimmung des End-of-Life-Zeitpunktes (EoL) und die Restwertermittlung der Zellen. Der Zustand einer Zelle kann über den State-of-Charge (SoC) und den State-of-Health (SoH) beschrieben werden. Diese Kennzahlen sind von Bedeutung für die zukünftige Fahrzeugüberprüfung im Rahmen der Hauptuntersuchung (HU) oder für die Erstellung eines Gutachtens für Elektrofahrzeuge, vor dem Hintergrund des hohen Kostenanteils des Energiespeichers am gesamten Fahrzeug [6,7].

Die vorliegende Arbeit befasst sich mit einer Methode zur Bewertung des Zustands von Lithium-Ionen Zellen in Hybrid- und Elektrofahrzeugen. Dies ist erforderlich, da die verfügbare Kapazität einer Zelle mit zunehmender Alterung abnimmt. Im Kern der Arbeit wird ein Verfahren vorgestellt, welches es ermöglicht, den Energiespeicher von Hybrid- und Elektrofahrzeugen nach einer kurzen Untersuchung zu charakterisieren und zu bewerten und zwar ohne Verwendung von zusätzlichen Sensoren. Zur Realisierung dieser Aufgabe werden im ersten Schritt Untersuchungen am Batterieprüfstand durchgeführt, um die generellen Einflüsse, wie beispielsweise die Temperatur, auf eine Zelle zu ermitteln. Weitere Messreihen mit parallel verschalteten Zellen erfassen den Einfluss des Austausches einzelner Zellen und verschiedener Entladetiefen. Parallel zu den Messungen wird ein Batteriemodell aufgebaut. Die Ergebnisse aus den Prüfstandsmessungen bilden die Grundlage für die entwickelte Methode der Untersuchung an Energiespeichern im Fahrzeug. Im letzten Schritt wird die entwickelte Methode an realen, im normalen Straßenverkehr bewegten Elektro- und Hybridfahrzeugen getestet und bewertet. Auf den aufgezeichneten Daten an den untersuchten Fahrzeugen aufbauend wird die Berechnung der Kennlinien zur Bestimmung der verfügbaren Kapazität durchgeführt. Mit jedem weiteren untersuchten Fahrzeug steigt der Umfang der Datenbasis und somit die Genauigkeit der Aussagen an. Aus den Resultaten lassen sich Rückschlüsse auf das untersuchte Fahrzeug, auch im Vergleich zu bereits hinterlegten Fahrzeugen, tätigen. Diese neue Methode zur Bestimmung und Bewertung des Gesundheitszustands von Lithium-Ionen Zellen benötigt keine zusätzlichen externen Sensoren.

Einführend werden der aktuelle Stand der Technik und die Grundlagen der Batteriemodelle dargestellt. Anschließend werden in Kapitel 3 Möglichkeiten zur Zellcharakterisierung und das in dieser Arbeit eingesetzte Batteriemodell vorgestellt. In Kapitel 4 werden die am Batterieprüfstand durchgeführten Messungen mit dem auf realen Messfahrten basierenden Testzyklus und die Ergebnisse vorgestellt. Kapitel 5 stellt die entwickelte Methode, basierend auf den Erkenntnissen der Messungen am Prüfstand, zur Bewertung von

Lithium-Ionen Zellen in Hybrid- und Elektrofahrzeugen vor. Der praktische Nachweis sowie die Vorstellung und die Bewertung der Ergebnisse folgen.

2 Stand der Technik

Im ersten Abschnitt dieses Kapitels wird der Stand der Technik bei Lithium-Ionen Zellen erläutert. Dazu gehören wichtige Begrifflichkeiten, die allgemeine Funktionsweise, die Entwicklung über andere Energiespeicher zu dieser Technologie, das Verhalten über die Lebensdauer und die weitere Entwicklung auf diesem Gebiet. Im zweiten Abschnitt wird ein Überblick über aktuelle Hybrid- und Elektrofahrzeuge gegeben. Darüber hinaus befasst sich dieser Abschnitt allgemein mit der Fahrzeugdiagnose, bevor im Anschluss die Diagnosefähigkeit von aktuellen Fahrzeugen mit alternativen Antrieben hinsichtlich der verfügbaren batterierelevanten Daten untersucht wird. Abschließend werden Batteriemodelle, nach verschiedenen Kategorien gegliedert, dargestellt.

2.1 Lithium-Ionen Zellen

Zur Erläuterung der allgemeinen Funktionsweise von Lithium-Ionen Zellen werden die wichtigsten Begriffe im Zusammenhang mit Lithium-Ionen Zellen im Folgenden zusammengefasst [8]:

- Nennkapazität (englisch: nominal capacity) C_N in Amperestunden (Ah): Die vom Hersteller angegebene Kapazität wird als Nennkapazität bezeichnet. Diese wird mit einem genormten Messverfahren nach DIN EN 61960 ermittelt [9].

- Anfangskapazität (englisch: initial capacity) C_0 in Ah: Die Anfangskapazität entspricht der Kapazität nach der Zellfertigung. Abhängig von der Qualität der Produktion gibt es Abweichungen von der Nennkapazität von +/- sechs Prozent nach [10].

- Gemessene Kapazität (englisch: measured capacity) C_m in Ah: Die gemessene Kapazität ist die zu einem bestimmten Zeitpunkt nach Inbetriebnahme gemessene Kapazität nach dem Messverfahren zur Bestimmung der Nennkapazität.

- Ladungsbilanz (englisch: charge balance) Q_b in Ah: Die Ladungsbilanz entspricht dem effektiven Lade-/Entladestrom seit der letzten Vollladung.

$$Q_b = \int_t I_{HR} \cdot dt, \qquad I_{HR}\ entspricht\ Hauptreaktionsstrom \qquad \text{Gl. 2.1}$$

- Entladetiefe (englisch: Depth-of-Discharge) DoD: Die Entladetiefe ist definiert als das Verhältnis von Ladungsbilanz zur Nennkapazität. Im vollgeladenen Zustand beträgt der DoD null. Bei Entnahme der Nennkapazität aus der Zelle beträgt der DoD eins.

$$DoD = \frac{Q_b}{C_N} \qquad \text{Gl. 2.2}$$

- Ladezustand (englisch: State-of-Charge) SoC: Der Ladezustand beschreibt die noch verfügbare Kapazität unter Berücksichtigung der Ladungsbilanz im Verhältnis zur Nennkapazität. Der SoC einer vollständig geladenen Zelle beträgt 1 oder 100 %.

$$SoC = 1 - DoD = \frac{C_N - Q_b}{C_N} \qquad \text{Gl. 2.3}$$

- Relativer Ladezustand (englisch: relative State-of-Charge) SoC_r: Der relative Ladezustand entspricht dem Ladezustand, mit dem Unterschied, dass er auf die gemessene Kapazität und nicht auf die Nennkapazität bezogen wird. Dadurch wird die Alterung berücksichtigt. Der relative SoC einer vollständig geladenen Zelle beträgt 1 oder 100 %.

$$SoC_r = \frac{C_m - Q_b}{C_m} \qquad \text{Gl. 2.4}$$

- Gesundheitszustand (englisch: State-of-Health) SoH: Der SoH wird definiert als Verhältnis von gemessener Kapazität zur Nennkapazität. Zu Beginn liegt der SoH einer Zelle bei 1 oder 100 %. Mit zunehmender Anzahl an Zyklen nimmt dieser Wert ab. Bei automobilen Anwendungen werden die Zellen bis zu einem SoH von ca. 80 % eingesetzt.

$$SoH = \frac{C_m}{C_N} \qquad \text{Gl. 2.5}$$

- C-Faktor, normierter Entladestrom: Zur besseren Vergleichbarkeit von Zellen unterschiedlicher Kapazität wird bei der Stromstärke zum Laden und Entladen häufig ein normierter Wert herangezogen, die sogenannte C-Rate. Diese beträgt eins, wenn die Stromstärke so gewählt wird, dass die Nennkapazität nach einer Stunde vollständig aus der Zelle entnommen wird. Bei einer Zelle mit einer Kapazität von 5,4 Ah entspricht die C-Rate von zehn einem Strom von 54 A.
- Lebensende (englisch: End-of-Life) EoL: Die Zellen werden bis zu einer definierten minimalen Kapazität betrieben. Dieser Wert definiert das Lebensende der Zelle und ist abhängig vom Anwendungsbereich.

2.1.1 Funktionsweise und Eigenschaften

Die Funktionsweise von Lithium-Ionen Zellen basiert auf dem wechselseitigen Ein- und Auslagern von Lithium-Ionen in den Elektroden. Die Lithium-Ionen wandern durch den Elektrolyten von einer Elektrode zur anderen. Die Elektronen fließen dabei über den äußeren Stromkreis zur anderen Elektrode. Der allgemeine Aufbau einer Lithium-Ionen Zelle ist in Abbildung 2.1 dargestellt.

Beim Ladevorgang ist die positive Elektrode die Lithiumquelle. Die Lithium-Ionen werden von der positiven Elektrode durch den Elektrolyten zur negativen Elektrode transportiert. Dort reagieren sie mit den Elektronen, die über den äußeren Strompfad fließen, und lagern sich im Wirtsgitter als Lithium-Atome ein. Dieser Vorgang wird als Interkalation bezeichnet.

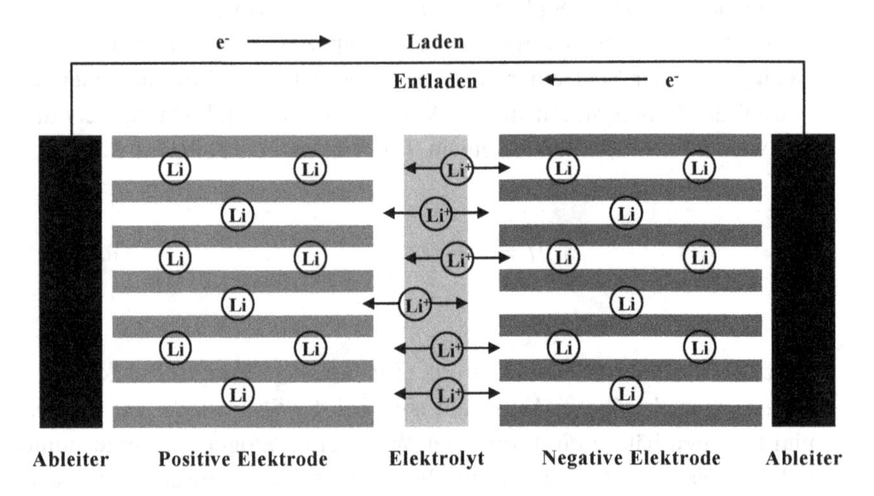

Abbildung 2.1: Allgemeiner Aufbau einer Lithium-Ionen Zelle [8,11]

Beim Entladevorgang wandern die im Wirtsgitter eingelagerten Lithium-Atome nach Abgabe von Elektronen als Lithium-Ionen durch den Elektrolyten zur positiven Elektrode. Die Elektronen fließen über den äußeren Stromkreis zur positiven Elektrode. Dort neutralisieren sie die Lithium-Ionen und werden im Wirtsgitter des Aktivmaterials eingelagert. Die spezifische Ladung (in Ah kg^{-1}) bzw. die Ladungsdichte (in Ah l^{-1}) entspricht der Speicherfähigkeit des Aktivmaterials und hängt von der Anzahl der freigesetzten oder aufgenommenen Elektronen pro Masse- bzw. Volumeneinheit ab. Die im Idealfall erreichbaren Werte für die spezifische Energie (in Wh kg^{-1}) und die Energiedichte (in Wh l^{-1}), die den Energieinhalt einer Zelle wiedergibt, erreichen einen maximalen Wert, wenn bei der Elektrodenmaterialienauswahl zwei Stoffe mit großer spezifischer Ladung bzw. Ladungsdichte kombiniert werden und wenn die Zellspannung groß ist. Letzteres ist der Fall, wenn das Redoxpotential der elektrochemischen Reaktionen an beiden

Elektroden weit auseinander liegt. Für die spezifische Leistung (in W kg^{-1}), bzw. die Leistungsdichte, ist die Geschwindigkeit der Ein- und Auslagerungsprozesse von entscheidender Bedeutung. [12]

Beim Elektrodenmaterial kommen zurzeit viele verschiedene Materialien zum Einsatz. Als negative Elektrode wird üblicherweise Graphit als Aktivmaterial eingesetzt. Bei der Einlagerung von Lithium-Ionen tritt nur eine geringe Struktur- und Volumenänderung von ca. 10 % auf. Dies führt zu einer außerordentlichen Form- und Zyklenstabilität. Die theoretische Kapazität liegt bei 372 Ah/kg. Der Einsatz von Lithiumlegierungen wäre aufgrund ihrer sehr hohen Kapazität, die annähernd an metallisches Lithium (3860 Ah/kg) reicht, nicht zielführend, da sie unter erheblichen Volumenänderungen von 100 bis 300 % leiden, was zu einer geringen Zyklenbeständigkeit führt. Alternativen dazu sind beispielsweise amorpher Kohlenstoff, Titanat, Lithiumoxide und -legierungen. [12,13]

In Tabelle 2.1 und Tabelle 2.2 sind für gängige Anoden- und Kathodenmaterialien die spezifische Ladung und deren wichtigste Eigenschaften hinsichtlich Sicherheit, Stabilität und Preis zusammengefasst. So treten beim Anodenmaterial spezifische Ladungen zwischen 200 und 3990 Ah/kg auf. Die Materialien mit hohen spezifischen Ladungen haben Nachteile bezüglich Sicherheit, Stabilität oder den Kosten. Es gibt derzeit kein Anodenmaterial, das alle Anforderungen einer Zelle für den automobilen Einsatz umfassend erfüllt.

Tabelle 2.1: Charakterisierung von Anodenmaterialien [14]

Anodenmaterial	Kapazität in Ah/kg	Sicherheit	Stabilität	Preis
Lithium-Metall	3860	-	-	+
Amorpher Kohlenstoff	ca. 200	+	+	0
Graphit	372	+	+	+
Lithium-Legierungen	3990 (Si) ,1000 (Sn)	0	-	++
Lithium-Oxide	1500	+	-	-
Lithium-Titanat	150	++	++	--

Beim Kathodenmaterial liegen die theoretischen Kapazitäten zwischen 120 und 170 Ah/kg. Wie bei den Anodenmaterialien gibt es kein Material, welches alle Anforderungen für einen Einsatz bezüglich der Sicherheit, der Zyklenstabilität, der Kaltstartfähigkeit, der Temperaturbeständigkeit, dem Preis und der Kapazität erfüllt. Die Materialauswahl für die Komponenten Anode und Kathode benötigt daher einen Kompromiss der Anforderungen unter Berücksichtigung der verschiedenen Redoxpotentiale der elektrochemischen Reaktionen an den beiden Elektroden.

Tabelle 2.2: Charakterisierung von Kathodenmaterialien [14]

Kathoden-material	**Kapazität in Ah/kg**	**Sicher-heit**	**Zyklen-stabilität**	**Kalt-start**	**Temperatur-stabilität**	**Preis**
$LiCoO_2$	150	-	0	+	+	+
$LiNiCoAlO_2$	170	+	+	0	+	++
$LiMn_2O_4$	120	+	++	0	+	-
$Li[Ni_xCo_xMn_x]O_2$	130–160	+	++	-	+	0
$LiFePO_4$	170	--	0	++	0	++

Das am häufigsten eingesetzte Material für die positive Elektrode ist Lithium-Kobaltdioxid (LCO). Alternative Materialien sind u. a. Manganoxid (LMO), Nickel-Mangan-Kobaltoxid (NMC), Nickel-Kobalt-Aluminiumoxid (NCA) und Eisenphosphat (LFP). Die Auswahl des Aktivmaterials der positiven Elektrode beeinflusst maßgeblich die Eigenschaften der Zelle. Detaillierte Beschreibungen der Vor- und Nachteile der dargestellten Materialien mit ihren Eigenschaften sind beispielsweise in [8,11] zu finden.

Die an den beiden Elektroden stattfindenden Reaktionen sind in den folgenden Gleichungen beispielhaft zusammengefasst.

Negative Elektrode aus Graphit

$$Li_xC_{6x} \rightleftharpoons C_{6x} + xLi^+ + xe^- \qquad \text{Gl. 2.6}$$

Positive Elektrode aus $LiMn_2O_4$

$$Li_{1-x}MnO_4 + xLi^+ + xe^- \rightleftharpoons LiMn_2O_4 \qquad \text{Gl. 2.7}$$

Vereinfachte Gesamtgleichung (anschaulich für x = 1)

$$2MnO_2 + LiC_6 \rightleftharpoons LiMn_2O_4 + C_6 \qquad \text{Gl. 2.8}$$

Neben den beiden Elektroden sind weitere Bestandteile der Zelle die Stromableiter, die Separatoren und der Elektrolyt. An der negativen Elektrode wird in der Regel Kupfer als Ableiter (auch Kollektor genannt) eingesetzt. An der positiven Elektrode besteht die dünne Metallfolie häufig aus Aluminium. Die beiden Elektroden werden durch den Separator elektrisch voneinander getrennt, sodass kein Kurzschluss entsteht. Der Separator, üblicherweise aus Polyethylen (PE) oder Polypropylen (PP), ist lediglich für Ionen durchlässig. Der Elektrolyt benetzt sowohl das Aktivmaterial als auch den Separator. Der Elektrolyt besteht aus einer Flüssigkomponente, einem Leitsalz und Zusätzen oder Additiven. Erstere ist eine Mischung aus Lösungsmitteln oder Solvens. Dabei wird häufig Ethylenkarbonat (EC), Dimethylkarbonat (DMC) und Diethylkarbonat (DEV) eingesetzt. Das Leitsalz ist für die ionische Leitfähigkeit des Elektrolyten verantwortlich und besteht vorwiegend aus Lithiumhexafluorophosphat ($LiPF_6$). Die Grenzflächen der beiden Elektroden zum Elektrolyten, vor allem die Grenzfläche an der negativen Elektrode, die sogenannte SEI-Schicht (englisch: solid eletrolyte interface, deutsch: feste Elektrolyt-Grenzschicht), haben entscheidenden Einfluss auf die Eigenschaften einer Lithium-Ionen Zelle. Die SEI-Schicht bildet sich bei der ersten Inbetriebnahme der Zelle aus. Dieser Prozess kann nicht unterbunden werden. Die Eigenschaften der SEI-Schicht können über die Wahl des Solvens und die Zugabe von Additiven beeinflusst werden. Häufig wird beispielsweise Vinyliden Karbonat (VC) als flüssiges Additiv eingesetzt. Die SEI-Schicht spielt eine entscheidende Rolle für das Alterungsverhalten einer

Zelle. Sie sollte möglichst dünn sein und einen geringen Durchtrittswiderstand aufweisen, um eine gute Durchlässigkeit für die Lithium-Ionen zu gewährleisten. Weitere gewünschte Eigenschaften sind die Stabilität hinsichtlich Temperatur und Stromrate. [8]

Abbildung 2.2 gibt einen Überblick über die Größenverhältnisse der vorgestellten einzelnen Zelllagen und der Partikelgrößen der Aktivmaterialien.

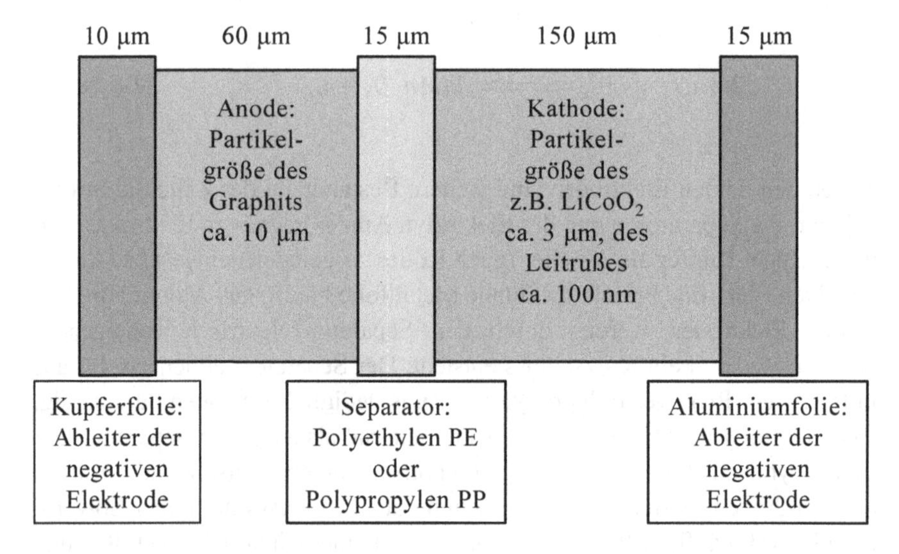

Abbildung 2.2: Größenverhältnisse in einer Zelle in Anlehnung an [8]

Für den Einsatz von Lithium-Ionen Zellen für automobile Anwendungen müssen bestimmte Anforderungen erfüllt sein. Abhängig vom Einsatzgebiet werden in [11] Batteriegrößen zwischen 1 und 60 kWh und Leistung-zu-Energie-Verhältnisse von 2 bis zu 15 genannt. Die Batteriesysteme finden verschiedene Anwendungsfelder im Fahrzeug: von Start-Stopp-Systemen über Hybridfahrzeuge bis zu reinen Elektrofahrzeugen. In reinen Elektrofahrzeugen werden mindestens 50 kWh bei einem Verhältnis von Leistung zu Energie von 3 kW/kWh angestrebt [15]. Unterschieden wird bei aktuellen Lithium-Ionen Batterien zwischen Hochenergie- und Hochleistungszellen. Erstere erreichen Energiedichten von 150 bis 180 Wh/kg, letztere Werte von etwa 80 bis 100 Wh/kg [16]. Dabei weisen Hochenergiezellen in der Regel hohe Speicherkapazitäten und durchschnittliche Entladeströme auf, während Hochleistungszellen bei geringeren Kapazitäten kurzzeitig sehr hohe Entladeströme zulassen [17]. Aufgrund dieser Eigenschaften eignen sich Hochenergiezellen vor allem für Hybridfahrzeuge und Hochleistungszellen für reine Elektrofahrzeuge [18].

Den Zusammenhang zwischen der Leistungs- und Energiedichte derzeitiger Energiespeicher-Technologien fasst das Ragone-Diagramm zusammen. Dieses ist in Abbildung 2.3 dargestellt und zeigt die Entwicklung hin zur Lithium-Ionen Technologie, da diese derzeit mit Abstand die höchsten Leistungs- und Energiedichten zuverlässig und sicher bereitstellen kann. Auf diesem zeitlichen Entwicklungsweg sind verschiedenste Technologien für den automobilen Einsatz in Erwägung gezogen worden bzw. kommen teilweise immer noch zum Einsatz. Diese werden im Anschluss mit ihren Eigenschaften kurz vorgestellt.

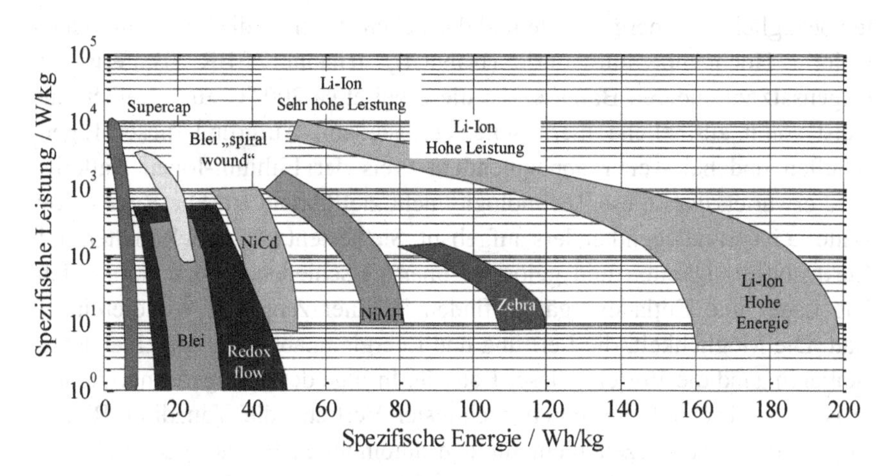

Abbildung 2.3: Ragone-Diagramm in Anlehnung [19]

Blei-Säure Batterien kommen im Automobil seit über 100 Jahren zum Einsatz. Die aus Bleioxid bestehende positive Elektrode, die negative Elektrode aus porösen Blei und der aus verdünnter Schwefelsäure bestehende Elektrolyt bilden ein Gesamtsystem, welches aufgrund der geringen Kosten und der hohen Eigensicherheit in beinahe allen Fahrzeugen als Starterbatterie eingesetzt wird. Gegen einen Einsatz als Traktionsbatterie sprechen die geringe Leistungs- und Energiedichte, die kurze Lebensdauer und die begrenzte Ladeakzeptanz, obwohl die spiralförmig gewickelten Blei-Säure Batterien etwas höhere Leistungsdichten erreichen. Bereits bei den Olympischen Sommerspielen 1972 zeigten sich bei einem von BMW vorgestellten Elektrofahrzeug mit einer Blei-Säure Batterie die genannten Nachteile [20]. Die Nickel-Metallhydrid Batterien (NiMH) sind eine Weiterentwicklung der Nickel-Cadmium Batterien (NiCd), da das giftige Cadmium ersetzt werden sollte, und wurden beispielsweise im Toyota Prius der ersten Generation als Traktionsbatterie verbaut. Die Erfahrung mit dieser relativ sicheren und zuverlässigen Technologie zeigt, dass eine Lebensdauer von deutlich über acht Jahren erreicht werden kann. Jedoch verhindern die geringe Energiedichte, die hohe Temperaturabhängigkeit und der hohe Preis, im Vergleich zur Lithium-Ionen Technologie, eine flächendeckende Marktdurchdringung für Elektrofahrzeuge. Eine weitere Batterietechnologie mit guten Eigenschaften bezüglich der Energiedichte und der Lebensdauer ist die Natrium-Nickel-Chlorid Hochtemperaturbatterie (NaNiCl), genannt ZEBRA-Batterie. Im Gegensatz zu anderen Batterien ist diese bei etwa 300 °C zu betreiben und weist somit zusätzliche thermische Verluste auf. Aufgrund dieser Eigenschaften und bei weiter abnehmendem Preis der Lithium-Ionen Batterien wird erwartet, dass diese Technologie nicht zielführend ist. Die Redox-flow Batterie ist grundlegend anders aufgebaut. Sie besteht aus zwei Behältern mit Elektrolytflüssigkeiten und gelösten Ionen verschiedener Oxidationsstufen. Die Lade- und Entladevorgänge finden in einer zentralen Wandlereinheit statt. Die Möglichkeit, die Leistung und Energie unabhängig voneinander zu skalieren, sind die Vorteile dieser Batterie. Infolge der geringen Energiedichte ist diese Technologie, deren wichtigster Vertreter die Vanadium-Redox-flow Batterie ist, derzeit nicht für den automobilen Einsatz geeignet. Eine weitere Speichertechnologie sind die auf Kondensatoren basierenden elektrochemischen Doppelschichtkondensatoren, die auch Supercaps genannt werden. Da keine elektrochemischen und nur wenige chemische Reaktionen stattfinden und das Elektrodenmaterial keinen strukturellen Änderungen der Gitterstruktur ausgesetzt wird, sind die Elektroden sehr stabil. Die hohe spezifische Leistung spiegelt die Fähigkeit der Supercaps wider, sehr schnell sehr hohe Ströme liefern zu können. Nachteilig stehen dem die begrenzte Energiedichte und die hohen Kosten gegenüber. [19,21]

Aus obiger Übersicht über die verschiedenen Speichertechnologien wird deutlich, dass aufgrund der stetig gestiegenen und weiter ansteigenden Anforderungen an den Energiespeicher in Fahrzeugen bezüglich der spezifischen Dichten, aktuell die Lithium-Ionen Technologie diese Ansprüche bestmöglich erfüllen kann.

Die Eigenschaften der Zellen werden dabei nicht nur von den einzelnen Bestandteilen der Zelle beeinflusst, sondern auch vom Gehäuse. Die Bauform hat einen großen Einfluss auf die Leistungs- und Energiedichte, die maximalen Ströme und auf das Alterungsverhalten. Auf dem Markt sind derzeit drei verschiedene Gehäuseformen zu finden: zylindrisch, prismatisch und pouch. Die meistverbreitete Zelle ist die zylindrische Zelle 18650 (18 mm Durchmesser, 650 mm Länge). Das Gehäuse aus Edelstahlblech gewährleistet die mechanische Stabilität. Nachteile dieser Zellenform sind die schwierige Umsetzung einer Kühlung und das geringe Verhältnis des Volumens zur Oberfläche. Die prismatischen Zellen dagegen sind prädestiniert für eine effektive Kühlung über Kühlplatten. Das Gehäuse aus Aluminium führt zu einer höheren mechanischen Stabilität, und auch die Fertigung der Zellen ist schneller, und somit kostengünstiger zu realisieren. Bei den Pouch-Zellen besteht das Gehäuse in der Regel aus einem mit Aluminiumfolie beschichteten Kunststoff. Hohe Energiedichten und flache Bauformen können umgesetzt werden. Nachteile der Pouch-Zelle sind die geringere mechanische Stabilität und die Schwachstelle des Zellenanschlusses, da diese nur an das Gehäuse geklebt werden und so leicht Undichtigkeiten entstehen können. [22]

Für den automobilen Einsatz werden die Einzelzellen zu Modulen zusammengefasst und mit Sensoren zur Aufzeichnung von Strömen, Spannungen und Temperaturen ausgestattet. Die Überwachung der Module und Einzelzellen übernimmt das Batteriemanagementsystem (BMS). Das BMS ermittelt unter Berücksichtigung der Zelltemperaturen, des Ladezustands und des Gesundheitszustands die aktuell verfügbare Stromstärke, die vom Batteriesystem bereitgestellt werden kann. Dies ist aus mehreren Gründen erforderlich. Zum einen entspricht die verfügbare Kapazität nicht immer der Nennkapazität. Dies ist auf die Abhängigkeit des Innenwiderstands von der Temperatur zurückzuführen und hat zur Folge, dass bei niedrigen und hohen Temperaturen der Innenwiderstand ansteigt. Der Ladezustand einer Zelle hat ebenfalls Einfluss auf die Stromstärke, da die von einem Batteriehersteller spezifizierte untere Grenzspannung nicht unterschritten werden sollte. Der Gesundheitszustand einer Zelle muss bei der Berechnung der aktuell zulässigen Stromstärke berücksichtigt werden, da er direkten Einfluss auf den Innenwiderstand hat. Das BMS kann daher bei niedrigem Ladezustand oder ansteigendem Innenwiderstand den Strom begrenzen und hat somit direkten Einfluss auf die Fahrleistungen des Fahrzeugs. Der begrenzende Eingriff des BMS muss in der Betriebsstrategie des Fahrzeugs möglichst vermieden werden. Für Hybridfahrzeuge ist dies über den zweiten Antrieb abzufangen. Bei Elektrofahrzeugen kann dieser Zustand unter bestimmten Umständen systembedingt nicht vermieden werden. Eine weitere Aufgabe des BMS ist die Überwachung der Einzelzellspannungen. Wird eine Differenz zwischen den Einzelzellen detektiert, kann das BMS einen Zellausgleich (englisch: cell balancing) veranlassen. Dies ist erforderlich, da eine höhere bzw. niedrigere Spannung einer Einzelzelle das komplette Modul einschränken kann, wenn obere bzw. untere Grenzspannungen von einer Zelle früher erreicht werden. Bei den Balancing-Systemen wird grundsätzlich zwischen aktiven und passiven Systemen unterschieden. Die aktiven Balancing-Systeme werden prinzipiell in zwei Methoden unterteilt: der shuttling-Methode und der Einsatz von Energiewandlern. Bei der shuttling-Methode wird die Spannungsdifferenz zweier Zellen ausgeglichen, indem einer Zelle Energie entnommen und einer anderen Zelle zur Verfügung gestellt wird. Dabei werden Kondensatoren zum Zwischenspeichern der Energie eingesetzt. Bei der Methode mit Energiewandlern kommen Transformatoren und Spulen zum Einsatz. Bei beiden Methoden kann von einer Zelle bzw. einem Zellmodul einer anderen Zelle bzw. einem anderen Zellmodul Energie zugeführt werden. Zu den passiven Balancing-Methoden gehört die shunting-Methode. Dabei wird von Zellen mit höheren Spannungen Energie entnommen bis sie das gleiche Spannungsniveau der anderen Zellen erreichen. In der Regel werden dazu Widerstände eingesetzt. Beim Vergleich der aktiven und passiven Methode haben die passiven Systeme Vorteile bei den Kosten, jedoch wird die überschüssige Energie lediglich in Wärme umgewandelt. Bei den aktiven Systemen werden diese Verluste verringert. Jedoch liegen die Kosten deutlich höher als bei den passiven Systemen. [23,24]

Die Batteriepreise für Pkw liegen laut [25] aktuell zwischen 360 und 440 €/kWh und werden bis 2020 auf einen Bereich zwischen 252 und 308 €/kWh sinken. Diese Werte stimmen mit den Zielen der Nationalen Plattform Elektromobilität (NPE) überein. In [26] wird ein Batteriepreis im Jahr 2020 von 240 €/kWh und von 200 €/kWh im Jahr 2025 angestrebt. Die Entwicklung der Preise bis 2020 in den beiden genannten Veröffentlichungen aus den Jahren 2014 und 2015 haben die gleiche Größenordnung wie in einer Studie von Schlick et al. aus dem Jahr 2012, in der für 2020 mit einem Batteriepreis von 220 €/kWh gerechnet wird [27]. General Motors dagegen spricht bereits für das Jahr 2016 von Preisen um 135 €/kWh und für 2020 von Preisen unter 100 €/kWh [28]. Eine Zusammenstellung der aktuellen Batteriekosten ist in der Strukturstudie der e-mobil BW GmbH [29] zu finden.

Bei den dargestellten Kosten wird die Zelle als Ganzes betrachtet. In [30] werden die Kosten für eine Pouch-Zelle mit einer Kapazität von 36 Ah für die einzelnen Komponenten aufgeführt. Bei Kosten von 230 €/kWh für das Jahr 2015 werden etwa 44 % für die Fertigung benötigt. Für die Kathode und die Anode werden 16 bzw. 7 % veranschlagt, während die Kosten des Elektrolyts und des Separators mit jeweils 10 % angegeben werden. Die restlichen Anteile werden für sonstige Materialien benötigt. Für das Jahr 2020 wird mit Gesamtkosten für die Zelle von 180 €/kWh gerechnet. Die Kostenanteile der einzelnen dargestellten Komponenten bleiben nahezu identisch. Die genannten Batteriepreise werden für eine Produktionsgröße von über 100 000 Zellmodulen pro Jahr erreicht. Zu den Kosten der Einzelzelle müssen die Kosten für die Fertigung der Zellmodule berücksichtigt werden. Pillot nennt für diese zusätzlichen Kosten aktuell einen Preis von 125 €/kWh und geht von einer Reduzierung bis 2020 auf 54 €/kWh aus [30].

2.1.2 Kapazität über Lebensdauer

Die zu Beginn gemessene Anfangskapazität einer Zelle steht nicht über die gesamte Lebensdauer der Zelle zur Verfügung. Die Kapazität ist, wie im vorherigen Abschnitt beschrieben, abhängig von der Temperatur und der Entladerate. Die Peukert-Gleichung aus dem Jahr 1897 beschreibt die abnehmende verfügbare Kapazität mit zunehmender C-Rate.

$$I^n \cdot t = K \qquad \text{Gl. 2.9}$$

Dabei ist I der Strom, t die Entladezeit und n eine Variable. Für eine ideale Batterie ist $n = 1$ und damit die Kapazität $K = C_N$. Bei realen Batterien nimmt n Werte zwischen 1,01 und 1,4 ein [31]. Darüber hinaus nimmt die Kapazität mit zunehmender Anzahl an Alterungszyklen ab. In der Praxis wird vor allem beim Einsatz im automobilen Bereich angestrebt, die Lebensdauer der Batterien an die Fahrzeuglebensdauer anzulehnen. Im Idealfall stimmen die beiden überein, da ein Austausch der Batterie aufgrund der aktuellen Batteriepreise nicht wirtschaftlich darzustellen ist.

Die Alterung der Zellen spielt in der aktuellen Forschung eine zentrale Rolle. Die Abnahme der Kapazität mit zunehmender Anzahl an Zyklen ist auf die Alterungs- und Verschleißmechanismen zurückzuführen. Diese werden im nächsten Abschnitt dieses Kapitels vorgestellt.

Generell ist zwischen kalendarischer und zyklischer Alterung zu unterscheiden. In dieser Arbeit wird vor allem auf die dominierende zyklische Alterung eingegangen. Die kalendarische Alterung beschreibt das Alterungsverhalten einer Zelle, wenn sie keiner Belastung ausgesetzt ist. In diesem Zustand finden dennoch Wechselwirkungen zwischen Elektrolyt und Aktivmaterialien sowie Korrosionsvorgänge statt, die das Alterungsverhalten der Zelle beeinflussen [32]. Untersuchungen zeigen, dass die kalendarische Alterung von der Umgebungstemperatur und dem Ladezustand abhängt. Bei einer Lagerung der Zellen sind extreme Temperaturen und ein hoher Ladezustand zu vermeiden, da diese Randbedingungen zu einer stärkeren Alterung führen [33]. Detaillierte Beschreibungen zur kalendarischen Alterung sind in [33,34,35] zu finden.

Neben der kalendarischen Alterung finden Alterungsprozesse in der Zelle während des Betriebs statt – die sogenannte zyklische Alterung durch wiederkehrende elektrische Belastung. Diese wird von vielen Faktoren beeinflusst und ist wesentlich komplexer als die kalendarische Alterung. Als Einflussgrößen gelten neben der Temperatur und dem Ladezustand die Zyklenzahl, die Zyklentiefe und die Stromstärke. Neben den genannten Größen, die dem Nutzungsprofil zugeordnet werden können, hängt der Verlauf der Alterung darüber hinaus vom Zelltyp, den verwendeten Elektrodenmaterialien und deren Strukturen ab. Als kritischste Stelle wird bei der zyklischen Alterung die Schnittstelle zwischen Elektrode und Elektrolyt angesehen. Vor allem der Übergang von negativer Elektrode zu Elektrolyt ist ein Ausgangspunkt der Alterung [36]. Als Auslöser der Alterung werden auf makroskopischer Ebene drei Hauptursachen benannt [37,38]:

- Reaktion der Aktivmaterialien der Elektrode mit dem Elektrolyt und die Bildung einer Grenzschicht (SEI-Schicht) an der negativen Elektrode,
- Abbau des Aktivmaterials durch Zyklisierung und
- Veränderungen an nicht-aktiven Materialien (wie Ableiter) und an Kontaktflächen zwischen aktiven und nicht-aktiven Materialien.

Abbildung 2.4 zeigt die Alterungsfehler und die dazugehörigen Mechanismen an der negativen Elektrode.

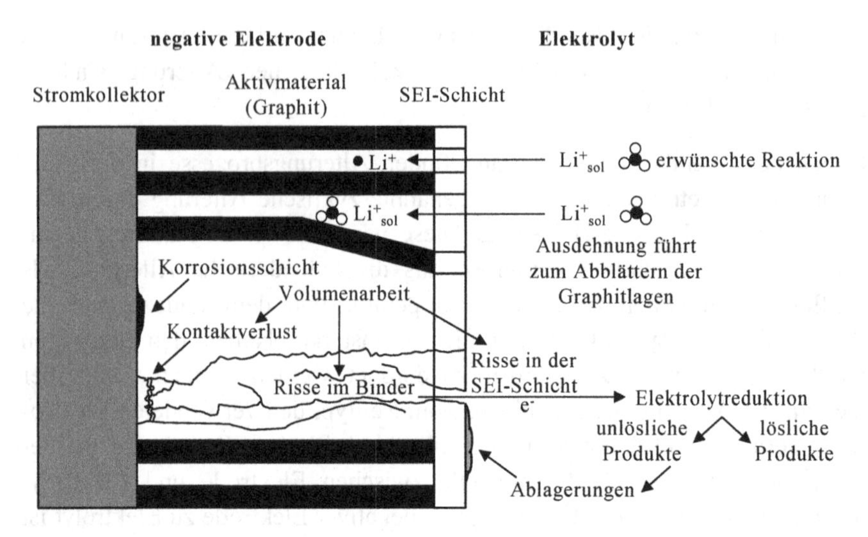

Abbildung 2.4: Alterungsfehler und -mechanismen nach [39]

In Tabelle 2.3 ist eine Zusammenfassung der Alterungsfehler nach Herb für alle Komponenten einer Zelle dargestellt [39].

Tabelle 2.3: Zusammenfassung der Alterungsfehler nach [39]

Komponente	**Alterungsfehler**
Negative Elektrode	Änderung der Morphologie
	Reduzierung aktiver Elektrodenoberfläche
	Bindemittelabbau
	Irreversible Interkalation (Li-Ablagerung im Graphit)
Positive Elektrode	Änderung der Morphologie
	Reduzierung aktiver Elektrodenoberfläche
	Bindemittelabbau
Elektrolyt	Leitsalzabbau
	Elektrolytverunreinigung
SEI-Schicht	Elektrolyt-Schichtwachstum (SEI)
Stromkollektor	Anoden Metall-Korrosion + Kupferdendritenbildung
Separator	Separatorabrieb
	Verminderung der Porosität

Mit zunehmender Alterung steigt der Innenwiderstand der Zelle, und die verfügbare Kapazität nimmt ab. Dies hat in der Praxis zwei direkte Folgen. Die Leistungsfähigkeit der Zelle sinkt, da der erhöhte Innenwiderstand zu einer geringeren maximalen Stromstärke sowohl beim Laden als auch beim Entladen führt. Bei einer sehr starken Erhöhung des Innenwiderstands können die begrenzten Stromstärken zu einer Leistungseinschränkung führen. Die zweite direkte Folge aus der Erhöhung des Innenwiderstands ist der schlechtere Wirkungsgrad der Batterie über alle Betriebspunkte. Die genannten Folgen können im automobilen Einsatzbereich zu einem Kraftstoffmehrverbrauch bzw. zu einer Erhöhung der erforderlichen Energie führen, wenn beispielsweise bei einem Hybridfahrzeug der Verbrennungsmotor einen erhöhten Anteil am Antriebsmoment aufzubringen hat. Darüber hinaus führt ein schlechterer Wirkungsgrad zu einer Erhöhung der Verluste, was gegebenenfalls über eine Klimatisierung der Zellen abgefangen werden muss und zu einer weiteren Erhöhung des Energiebedarfs und somit zu einer geringeren Reichweite führt. [13]

Untersuchungen zu den Einflussgrößen hinsichtlich der Alterung sind in [39] zu finden. Die Ergebnisse weisen auf einen großen Einfluss von der Stromstärke und der Entladetiefe (DoD) hin. Je höher die Stromstärke und je tiefer die Entladung sind, umso schneller schreitet die Alterung mit einer Kapazitätsabnahme voran. Bei automobilen Anwendungen werden die Zellen in der Regel bis zu einem SoH von 80 % eingesetzt [37,38,10].

2.1.3 *Zukünftige Technologien*

Die Entwicklung der Batterietechnologien schreitet stetig voran. Schwerpunkte der aktuellen Grundlagenforschung sind u. a. Metall-Luft-Systeme. Dabei kommt der Sauerstoff in der Luft als aktives Material zum Einsatz. Eine poröse Platte aus Kohlenstoff bildet die positive Elektrode. Zu diesen Systemen werden beispielsweise Zink-Luft oder Lithium-Luft Batterien zugeordnet. Nachteil dieser Technologie ist die zurzeit noch geringe Zyklenanzahl. Eine Marktverfügbarkeit ist noch nicht vorhersehbar [40,41]. Jedoch sieht beispielsweise auch Toyota das langfristige Ziel und den derzeitigen Forschungsschwerpunkt in der Lithium-Luft Technologie [42].

Einen weiteren Forschungsschwerpunkt bilden die Metall-Schwefel-Systeme. So weist die Lithium-Schwefel Batterie mit 3 350 Wh/kg eine der höchsten theoretischen Energiedichten auf. In der Praxis wurden Werte von 350 Wh/kg erreicht. Bei der Entladung wird Lithium an der Anode abgebaut und reagiert mit Schwefel. Diese Technologie weist gravierende Gewichts- und Kostenvorteile auf, hat jedoch noch nicht den Reifegrad für den automobilen Einsatz erreicht. [40,43]

Eine jüngere bereits eingesetzte Technologie ist die Lithium-Eisen-Phosphat Batterie (LFP). Vorteile dieser Technologie sind der Kostenvorteil gegenüber dem Kobaltdioxid und Sicherheitsaspekte. Sie weist aber eine geringere Energiedichte gegenüber Lithium-Nickel-Kobalt-Aluminium (NCA) auf. Diese haben jedoch Nachteile bezüglich der Sicherheit. Die Lithium-Nickel-Mangan-Kobaltoxid Batterie (NMC) weist, ähnlich wie die NCA, eine hohe Energiedichte auf. Sie hat jedoch Nachteile im Bereich der Lebensdauer und der Leistungsdichte. [44,45] Lithium-Titanat Batterien (LTO) weisen vor allem Vorteile in den Bereichen Lebensdauer und Sicherheit auf. Sie besitzen zudem eine geringe thermische Anfälligkeit. Nachteilig ist, dass diese Technologie im Vergleich zu NCA-Batterien eine um etwa ein Drittel geringere Energiedichte aufweist, was in einem hohen Gesamtgewicht der Batterie resultiert. [46] Pillot sieht die Entwicklung der Materialien an der positiven Elektrode von 2014 bis 2025 folgendermaßen: Der Anteil an Lithium-Kobaltdioxid (LCO) sinkt von 36 auf 26 %. Der Anteil an positiven Elektroden aus LMO sinkt von 20 auf 9 %. Der Anteil an NMC bleibt konstant bei 25 % während LFP von 10 auf 26 % und NCA von 9 auf 14 % ansteigen. In Summe wird von einer Produktionssteigerung von 100 000 auf 300 000 t ausgegangen. [30] Eine gute Übersicht über die verschiedenen Materialvarianten mit den Vor- und Nachteilen ist in [47] zu finden.

Aus den Darstellungen ist zu erkennen, dass aktuell neue Materialkonzepte für zukünftige Lithium-Ionen Batterien gesucht werden. In [48] wird ein Auszug aus einer Roadmap zur Entwicklung neuer Batterietechnologien vorgestellt, der den zu erwartenden Technologie-Fahrplan zukünftiger Energiespeicher zusammenfasst. Mit der nächsten Generation von Zellen werden demnach über die Legierung der Anode Energiedichten von 200 Wh/kg erwartet, bevor in der nächsten Generation II eine Steigerung auf 300 Wh/kg durch den Einsatz einer Hochvolt-Kathode realisierbar wird. Als Zukunftsoptionen werden Energiedichten zwischen 500 bis etwa 1500 Wh/kg durch den Einsatz von Lithium-Schwefel und Lithium-Luft Batterien erreichbar. Dadurch sollen Reichweiten von bis zu 500 km realisiert werden.

2.2 Lithium-Ionen Zellen in Hybrid- und Elektrofahrzeugen

In diesem Unterkapitel werden die zurzeit auf dem Markt verfügbaren Hybrid- und Elektrofahrzeuge vorgestellt. Dazu wird im ersten Teil eine Übersicht über die Fahrzeugmodelle und die eingesetzten Lithium-Ionen Zellen gegeben. Anschließend werden die allgemeinen Diagnosemöglichkeiten an Fahrzeugen erläutert, bevor im Anschluss die über die Diagnosefunktion verfügbaren Messwerte in diversen Hybrid- und Elektrofahrzeugen vorgestellt werden.

2.2.1 Übersicht über aktuelle Hybrid- und Elektrofahrzeuge

In diesem Unterkapitel soll eine Übersicht über den Einsatz von Lithium-Ionen Zellen in Hybrid- und Elektrofahrzeugen gegeben werden. Einleitend werden Hybrid- und Elektrofahrzeuge kurz vorgestellt:

- Hybridfahrzeuge: Hybridfahrzeuge sind Fahrzeuge, die zum Antrieb des Fahrzeugs über mindestens zwei Energiewandler nebst im Fahrzeug verbauten Energiespeichersystemen verfügen. Energiewandler sind z. B. Otto-, Diesel-, Erdgas- oder Elektromotoren mit den dazugehörigen Energiespeichersystemen Kraftstofftank und Batterien. Durch eine optimierte Betriebsstrategie und Kombination der verfügbaren Antriebe kann der Kraftstoffverbrauch reduziert werden. Basis für die Betriebsstrategie sind der bessere Wirkungsgrad und der geeignetere Drehmomentverlauf des Elektromotors bei niedrigen Drehzahlen bzw. Geschwindigkeiten. In diesem Bereich ist der spezifische Kraftstoffverbrauch des Verbrennungsmotors nicht optimal. Bei höheren Geschwindigkeiten kehrt sich die Situation um. Bei Hybridfahrzeugen wird zwischen Mikro-Hybrid, Mild Hybrid, Vollhybriden und Plug-in Hybriden unterschieden. Die Vollhybride lassen sich darüber hinaus in parallele, leistungsverzweigte und serielle Hybride unterteilen. Die Hauptunterschiede liegen darin, dass bei den ersten beiden Systemen sowohl der Verbrennungsmotor als auch der Elektromotor für den Antrieb verantwortlich sind, indem sie eine direkte Verbindung zur angetriebenen Achse haben. Dabei können beide einzeln oder gemeinsam für den Antrieb sorgen. Details zu den verschiedenen Hybridtypen sind in [49] zu finden.

- Elektrofahrzeuge: Elektrofahrzeuge sind Fahrzeuge, die von Elektromotoren angetrieben werden. Dabei kann zwischen batteriebetriebenen und brennstoffzellenbetriebenen Elektrofahrzeugen unterschieden werden. Bei ersteren kommen in der Regel Lithium-Ionen Zellen zum Einsatz. Bei der Brennstoffzelle muss reiner Wasserstoff im Fahrzeug mitgeführt werden. Der Vorteil der bei beiden Systemen eingesetzten Elektromotoren ist der lokal emissionsfreie Betrieb. Für die batterieelektrischen Fahrzeuge spricht die flächendeckende Möglichkeit zum Laden des Fahrzeugs. Als Nachteil kann die zurzeit noch geringere Reichweite im Vergleich zum konventionellen Verbrennungsmotor genannt werden. Diesen Nachteil weist die Brennstoffzelle nicht auf. Sie kann eine vergleichbare Strecke zurücklegen. Ein weiterer Vorteil dieser Speichertechnologie ist die nahezu grenzenlose Verfügbarkeit des Wassers als Ausgangsstoff bei der Wasserstoffherstellung. Als Nachteil der Brennstoffzelle werden die hohen Kosten, die geringe Lebensdauer, die zurzeit nicht flächendeckend vorhandene Infrastruktur der Wasserstoffversorgung und der hohe Energieaufwand bei der Wasserstoffherstellung genannt. In der Praxis ist der Schritt von konventionell angetriebenen Fahrzeugen mit Verbrennungsmotor zu Elektrofahrzeugen nicht ohne Weiteres zu realisieren, da bisher vom Verbrennungsmotor angetriebene Aggregate für den neuen Einsatzzweck überarbeitet werden müssen. Dazu gehören beispielsweise die Klimatisierung, die Heizung, die Servolenkung und die unterdruckverstärkte Bremse. [49]

In Tabelle 5.2 werden auf dem Markt verfügbare Hybrid- und Elektrofahrzeuge mit der Batteriekapazität und der vom Hersteller angegebenen rein elektrischen Reichweite aufgeführt. Die verbaute Batteriekapazität ist abhängig vom Fahrzeugtyp (Hybrid- oder Elektrofahrzeug) und liegt bei den aufgeführten Fahrzeugen zwischen 6,1 und 90 kWh. In der Regel ist in Elektrofahrzeugen eine größere Batteriekapazität verbaut, im Vergleich zu Hybridfahrzeugen. Die von den Herstellern angegebene rein elektrische Reichweite deckt einen Bereich von 31 bis 528 km ab. Untersuchungen haben ergeben, dass die durchschnittliche Tagesfahrleistung als Pkw-Fahrer bei etwas über 20 km liegt [50]. Rein theoretisch ist die vom Hersteller angegebene Reichweite ausreichend. In der Praxis werden die elektrischen Reichweiten größtenteils nicht erreicht. Dies liegt u. a. an den Einflussparametern wie Außentemperatur, Fahrereinfluss, eingeschaltete Verbraucher, Verkehrsfluss, Streckenprofil und Zusatzlasten, wie beispielsweise die Personenanzahl [51].

Tabelle 2.4: Übersicht aktueller Hybrid- und Elektrofahrzeuge [52-77]

Marke/Modellreihe	Kapazität in kWh	Reichweite in km
BMW i3	18,8	190
BMW i8	7,0	37
Citroën Berlingo First Electric	22,5	170
Citroën cZero	16	150
Ford Focus Electric	23	162
MB B-Klasse ED	28	200
MB C-Klasse Hybrid	6,38	31
MB eVito	36	130
MB SLS AMG Coupé ED	60	250
Mitsubishi iMiev	16	160
Nissan Leaf	24	199
Opel Ampera	16	83
Peugeot iOn	14,5	150
Porsche Panamera S E-Hybrid	9,4	36
Renault Kangoo Rapid Z. E.	22	170
Renault Twizy Z. E.	6,1	100
Renault Zoe Z. E.	22	240
Smart Electric Drive	17,6	145
Tesla Model S	70–90	421–528
Tesla Model X	90	450
Tesla Roadster	56	340
VW e-Golf	24,2	190
VW e-Up	18,7	160
VW Golf GTE	8,8	45

Basierend auf den Werten der Batteriekapazität und der Reichweite kann der theoretische Verbrauch berechnet werden. Dabei ergeben sich Werte zwischen 6,1 und 27,7 kWh/100 km.

Mit der Erhöhung der verfügbaren Kapazität in einem Fahrzeug geht eine Gewichtszunahme einher. So sind in derzeitigen Fahrzeugen, je nach Batterietyp und Zielsetzung des Herstellers, einige Dutzend, aber auch bis zu einigen tausend Zellen zu einem Gesamtmodul verbaut. So ergeben die 6831

Batteriezellen im Tesla Roadster in Summe ein Gewicht von 408 kg [74]. Die 88 Zellen im Citroën cZero ergeben ein Gesamtgewicht von 236 kg [55].

2.2.2 Diagnose im Fahrzeug

Für die Kommunikation mit einem Fahrzeugsteuergerät zu Diagnosezwecken wird die sogenannte Off-Board-Kommunikation eingesetzt. Dabei wird zwischen einem Fahrzeugsteuergerät und einem externen Gerät eine Verbindung aufgebaut. Bei der Schnittstelle existieren, neben den vom Gesetzgeber standardisierten Teilen, Abschnitte, die herstellerspezifisch ausgelegt und eingesetzt werden können (Abbildung 2.5).

Das zurzeit am häufigsten in Fahrzeugen eingesetzte Diagnoseprotokoll in europäischen Fahrzeugen ist das mit CAN-Bussystemen realisierte Keyword 2000 Protokoll (KWP 2000) nach ISO 14230. Die Kommunikation ist so ausgelegt, dass die gesamte Kommunikation vom Tester ausgeht. Dieser sendet eine Botschaft mit einer Diagnose-Anfrage (Request) über das Netz an das Steuergerät. Dieses wiederum muss innerhalb einer bestimmten Zeit über das Netz mit einer Antwort-Botschaft (Response) reagieren. Bei der Anfrage hat der Tester die Möglichkeit, eine funktionale oder physikalische Adressierung einzusetzen. Mit der funktionalen Adressierung stellt der Tester eine Anfrage in das Netz, ohne genau zu wissen, wie viele Steuergeräte antworten. Dies ist beispielsweise der Fall, wenn mehrere abgasrelevante Steuergeräte antworten. Die Steuergeräte antworten dann mit ihren physikalischen Adressen. Bei der physikalischen Adressierung wird ein bestimmtes Steuergerät vom Tester angesprochen. Einige Dienste sind nach dem KWP 2000 Protokoll in sogenannten Service-IDs (Service-Identifier, SID) definiert. Dazu gehören beispielsweise Dienste zum Lesen und Löschen des Fehlerspeichers, zum Auslesen von Steuergerätedaten und das Ansteuern von Steuergeräte-Ein- und Ausgängen. So kann beispielsweise mit dem SID 22 h „Read Data By Common Identifier“ das Auslesen von bestimmten Steuergerätewerten angestoßen werden. [78]

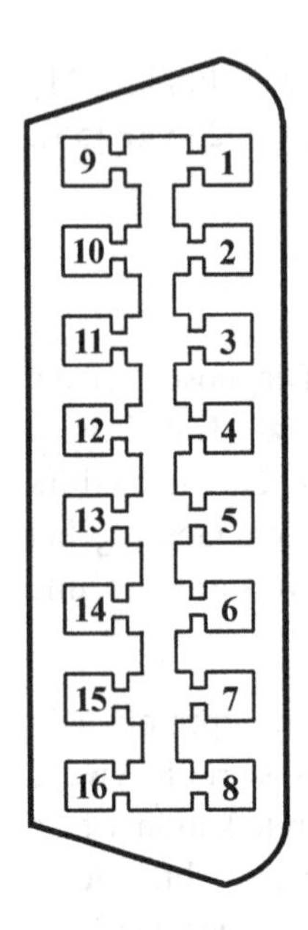

PIN	Belegung
1	Herstellerspezifisch
2	J1850 plus
3	Herstellerspezifisch
4	Masse
5	Signal-Masse
6	CAN High Speed High
7	K-Line
8	Herstellerspezifisch
9	Herstellerspezifisch
10	J1850 minus
11	Herstellerspezifisch
12	Herstellerspezifisch
13	Herstellerspezifisch
14	CAN High Speed Low
15	L-Line
16	Versorgungsspannung

Abbildung 2.5: OBD-Diagnosebuchse nach ISO 15031 [79]

Bei dem Diagnoseprotokoll Unified Diagnostic Services (UDS) nach ISO 14229/15765-3 wurden einige KWP 2000-Dienste in einer gemeinsamen SID zusammengefasst. Unterfunktionen werden über den neuen Parameter Subfunction Level (LEV) ausgewählt. Eine weitere Neuerung ist der „Response on Event Dienst“. Dieser sendet bei Auftreten eines zuvor definierten Ereignisses automatisch eine Antwortbotschaft ohne erneute Anfrage des Testers. [78]

Die On-Board-Diagnose (OBD, EOBD) ist die gesetzliche Vorschrift zur Überwachung der abgasrelevanten Systeme in den USA und Europa. Die dazu geltenden Normen sind ISO 15031 und SAE J1979. Die Botschaften bestehen aus der SID und maximal sechs Datenbytes. In der Regel beschreibt das erste Byte nach der SID bei den meisten Anfragen bestimmte Parameter (Parameter Identifier, PID), beispielsweise einen Datenwert im Steuergerät. [78]

Die weitere Entwicklung im Bereich der Diagnose deutet auf eine Umstellung der Fahrzeugschnittstelle auf Ethernet/IP hin. Diesem kostengünstigen System mit seiner sehr hohen Bandbreite stehen Herausforderungen bei der Echtzeitfähigkeit und der Robustheit bei EMV (Elektromagnetische Verträglichkeit) und sonstigen Umwelteinflüssen für den Einsatz in der On-Board-Kommunikation gegenüber. Gegen einen Einsatz in der Off-Board-Kommunikation sprechen die Kosten. Für die On-Board-Diagnose wird mit der Einführung der World-Wide-Harmonized-OBD (WWH-OBD) nach ISO 27145 der Versuch unternommen, alle OBD-spezifischen Dienste durch UDS-Dienste abzulösen. Einige Umbenennungen gehen mit dieser Norm einher. So wird die Auswahl der Unterfunktion LEV als Subfunction Identifier (SFID) bezeichnet. Das Auslesen von Steuergerätedaten erfolgt nicht mehr über den Parameter Identifier (PID), sondern über den Data Identifier (DID) mit einer Länge von 16 Bit. [78]

2.2.3 Diagnose in Hybrid- und Elektrofahrzeugen

In den derzeitigen auf dem Markt verfügbaren Hybrid- und Elektrofahrzeugen werden batterierelevante Daten über die Diagnoseschnittstelle bereitgestellt. Damit bedienen die Fahrzeughersteller ihre eigenen Interessen, beispielsweise für die Instandsetzung. Der Umfang dieser Daten ist hersteller- und modellabhängig und weist signifikante Unterschiede auf. Darüber hinaus ist der Diagnoseumfang abhängig vom eingesetzten Tester. Neben den Diagnosetestern der Fahrzeughersteller gibt es herstellerunabhängige Tester, die zum Teil nicht über den identischen Diagnoseumfang verfügen. Tabelle 2.5 zeigt einen Ausschnitt der für einige Hybrid- und Elektrofahrzeuge verfügbaren batterierelevanten Daten, die über den Diagnosetester des Herstellers verfügbar sind und die im Folgenden detailliert erläutert werden.

- Spannung HV-Batterie (Hochvolt-Batterie): die Spannung der HV-Batterie wird bei den verschiedenen Fahrzeugmodellen mehrfach bereitgestellt. Es gibt unter anderen die Spannung der Hochvoltbatterie, die Spannung des Hochvolt-Bordnetzes an der HV-Batterie, die Spannung des Hochvolt-Bordnetzes am DC/DC-Wandler und die Spannung der einzelnen Zellmodule. Die verschiedenen Messstellen der HV-Spannung ermöglichen die Detektion möglicher Fehler im HV-System durch das Batteriemanagementsystem.

- Strom HV-Batterie: Bei diesem Messwert handelt es sich um den aus der HV-Batterie entnommenen oder zugeführten Strom.
- Ladezustand HV-Batterie: der Ladezustand der HV-Batterie wird in Prozent angegeben. Es gibt ein Fahrzeugmodell (Citroën cZero), bei dem zwei Ladezustände vorhanden sind: Ladezustand roh und der im Kombiinstrument angezeigte Wert des Ladezustands. Die Ermittlungsweise der beiden Werte kann nur vom Hersteller der Funktionalität nachvollzogen werden.

Tabelle 2.5: Übersicht der Verfügbarkeit von batterierelevanten Daten

Fahrzeugmodell	Spannung HV-Batterie	Strom HV-Batterie	Verfügbare Kapazität	Ladezustand HV-Batterie	Spannung der Einzelzellen	Temperaturen	Min./max. Spannungen	Zellnummer min./max. Spannung	Kapazität / Energieinhalt	Min./max. Widerstand	Lieferbare / zulässige Höchstleistung	Abweichung Zellspannung	Prüfung Isolationswiderstand	Schütze Schaltzyklen
Citroën cZero	x	x	x	x	x	x	x	x	x	x	x	x		
MB B-Klasse ED	x	x		x		x			x				x	
MB C-Klasse Hybrid	x	x		x	x	x	x							
MB eVito	x	x		x		x	x		x				x	x
Smart Electric Drive	x	x	x	x	x	x			x					x
VW e-Golf	x	x		x	x	x	x	x					x	
VW Golf GTE	x	x		x	x	x	x	x					x	

- Spannung der Einzelzellen: Jede Einzelzellspannung kann einzeln abgerufen werden. Dadurch kann ein zeitlicher Verlauf aller Spannungen erstellt werden und die schlechteste Zelle identifiziert werden.

Durch die Verfügbarkeit der Einzelzellspannungen kann der Spannungswert für das gesamte HV-System plausibilisiert werden.

- Temperaturen: Es gibt Fahrzeugmodelle (z. B.: MB B-Klasse ED und MB eVito), bei denen lediglich ein Temperaturmesswert bereitgestellt wird. Dieser gibt die Temperatur im HV-Batteriemodul wider. Die genaue Position ist nicht bekannt. Es kann jedoch davon ausgegangen werden, dass die Stelle mit den größten Temperaturen innerhalb des Zellmoduls überwacht wird. Bei anderen Fahrzeugen werden zusätzlich die minimale und maximale Temperatur innerhalb der Batterie ausgegeben (z. B.: MB C-Klasse Hybrid). Dies lässt darauf schließen, dass mehrere Sensoren verbaut sind. Die genaue Anzahl der Messstellen ist nicht bekannt. Weitere Temperaturmessstellen befinden sich bei den meisten Fahrzeugmodellen an den Ladegeräten, den DC/AC- und DC/DC-Wandlern. Ein Fahrzeugmodell (Citroën cZero) hat zwischen jeden zwei Einzelzellen eine Temperaturmessstelle. In Summe sind über 50 Temperaturmessstellen in dem Batteriemodul verbaut.
- Min. / max. Spannungen: Durch die Überwachung aller Einzelzellspannungen kann die minimale und maximale Spannung aller Zellen ermittelt und bereitgestellt werden.
- Zellnummer min. / max. Spannungen: Mit diesen Werten werden die Zellnummern der Zellen mit minimaler und maximaler Spannung bereitgestellt.
- Kapazität / Energieinhalt: Die restliche Kapazität bzw. der Energieinhalt werden mit diesem Wert angegeben. Dieser ist nicht bei allen Fahrzeugmodellen permanent verfügbar.
- Min. / max. Widerstand: Bei einem Fahrzeugmodell (Citroën cZero) wird für jede Zelle ein Wert für den ohmschen Widerstand berechnet. Der minimale und maximale Wert wird über den Diagnosetester bereitgestellt.
- Lieferbare / zulässige Höchstleistung: Bei einem Fahrzeugmodell wird ein Wert für die aktuell lieferbare und zulässige Höchstleistung ausgegeben.

- Abweichung Zellspannung: Bei einem Fahrzeugmodell (Citroën cZero) werden sowohl die maximale Abweichung von der Sollspannung als auch die gemessene Differenz zwischen der Spannung des Moduls und der Summe der Einzelzellspannungen berechnet.
- Prüfung Isolationswiderstand: Dieser Messwert gibt den Zustand (in Ordnung, nicht in Ordnung) des Isolationswiderstands an. Teilweise wird der Widerstand als numerischer Wert bereitgestellt.
- Schütze Schaltzyklen: Dieser Messwert gibt die Anzahl der bereits geleisteten Schaltzyklen der Schütze bzw. die restliche Anzahl an Schaltzyklen im Normalbetrieb und im Volllastbetrieb an.

Die dargestellte Übersicht zeigt, dass die Fahrzeughersteller die wichtigsten batterierelevanten Messwerte über den Diagnosetester bereitstellen. Welche weiteren relevanten Werte innerhalb des Batteriemanagementsystems ermittelt werden und von welcher Qualität die Daten allgemein sind, kann nicht beurteilt werden. Eine weitere relevante Frage ist die Frequenz der Datenaktualisierung und -bereitstellung, um diese beispielsweise sinnvoll während der Durchführung von Fahrmanövern aufzuzeichnen und bewerten zu können.

2.3 Batteriemodelle

Batterien weisen ein komplexes, nichtlineares Verhalten auf. Die Modellierung ist daher aufwändig und vielschichtig. Es gibt eine Vielzahl von Ansätzen und Möglichkeiten, mit unterschiedlichem Grad an Komplexität und Genauigkeit, um das Verhalten von Batterien abzubilden. In dieser Arbeit werden die Batteriemodelle in drei Kategorien eingeteilt. Dabei handelt es sich um Ersatzschaltbildmodelle, physikalisch-chemische Modelle und diverse weitere Ansätze zur Modellierung, die der Kategorie weitere Modelle zugeordnet werden [80,81,82,83,84]. In den folgenden Unterkapiteln werden die Modelle kurz beschrieben. Für weitere Ausführungen wird auf die entsprechende Literatur verwiesen.

2.3.1 Ersatzschaltbildmodelle

Die im Ingenieurwesen am häufigsten eingesetzten Modelle sind die Ersatzschaltbildmodelle. Das elektrische Verhalten der Zellen wird mithilfe von Widerständen (R), Kapazitäten (C) und Induktivitäten (L) abgebildet. Dabei spielt die Anzahl und die Verschaltung der einzelnen Elemente eine entscheidende Rolle für die Genauigkeit des Ersatzschaltbildmodells, welches durch einen Stromfluss als Eingangsgröße das Spannungsverhalten der Zelle als Ausgangsgröße simuliert. Bei diesen Modellen wird der ohmsche Anteil an der Batteriespannung durch den Widerstand abgebildet, während die Kapazitäten bzw. Induktivitäten die frequenzabhängigen Spannungsanteile darstellen. Mit diesen Modellen kann sowohl das statische als auch das dynamische Zellverhalten abgebildet werden. [80] Ein Vergleich verschiedener Ersatzschaltbildmodelle ist in [85] zu finden. Bei der Modellierung eines Zellmoduls muss berücksichtigt werden, dass die verschalteten Zellen trotz Fortschritte in der Produktion nicht identisch sind [86]. Dies hat Einfluss auf die Parametrierung des Modells.

2.3.2 Physikalisch-chemische Modelle

Die physikalisch-chemischen Modelle gehören zu den Bottom-Up-Ansätzen, bei denen das Verhalten der Zellen auf Basis von bekannten physikalischen und chemischen Grundlagen nachgebildet wird. Dabei werden ausgehend von bekannten Prozessen auf mikroskopischer Ebene die dazugehörigen mathematischen Beschreibungen aufgestellt. Voraussetzung für diese Art der Modellbildung ist die genaue Kenntnis über die Eigenschaften der Zellen, wie beispielsweise Geometrie, Diffusionskonstanten und Leitfähigkeiten. Zu den drei bekanntesten Ansätzen gehören der Diffusionsansatz, das Modell der porösen Elektrode und die Zwei-Phasentransformation. Jeder dieser drei Ansätze bildet lediglich einen Teilprozess des Zellverhaltens ab. Daher kommt häufig eine Kombination der Modelle zum Einsatz. Diese Modelle sind sehr komplex und aufwändig, da sie auf Systemen gekoppelter, dreidimensionaler und partieller Differentialgleichungen beruhen. Aufgrund der komplexen numerischen Algorithmen sind sie während der Simulation sehr berechnungsintensiv. [80,87]

2.3.3 *Weitere Modelle*

Zu den weiteren Modellen gehören mathematische Beschreibungen, neuronale Netze, die Fuzzy-Logik und stochastische Modelle. Diese Modelle basieren, im Gegensatz zu der vorherigen Kategorie, nicht auf physikalisch-chemischen Grundlagen, sondern bilden lediglich empirische Beobachtungen durch die geeignete Verknüpfung von Ein- und Ausgangsgrößen ab [81]. Mathematische Modelle sind meist sehr abstrakt, und die ermittelten Parameter haben zumeist keine physikalische Bedeutung und Relevanz. Sie lassen Rückschlüsse auf die Lebensdauer, die Effizienz oder die Kapazität zu. Allerdings ist keine Abbildung von Strömen und Spannungen möglich. Des Weiteren sind mathematische Modelle sehr anwendungsspezifisch und liefern mit Fehlern in der Größenordnung von 5 bis 20 % keine genauen Ergebnisse. [87] Bei den stochastischen Modellen wird der Erholungseffekt nach einem Stromimpuls als exponentielle Funktion von Ladezustand und entnommener Kapazität modelliert. Der Erholungseffekt einer Zelle tritt nach Ende eines Stromimpulses auf, wenn sich ein chemisches Gleichgewicht in der Zelle einstellt. Am Spannungsverlauf ist dieses Verhalten am Anstieg der Spannung nach Ende des Stromimpulses zu erkennen. [81]

3 Zellcharakterisierung und Modellierung

Lithium-Ionen Zellen können auf vielfältige Weise untersucht werden. Mit diesen Untersuchungsergebnissen können die verschiedenen Eigenschaften einer Zelle ermittelt und somit Aussagen zum Batteriezustand gemacht werden. In diesem Kapitel werden zunächst verschiedene Verfahren zur Zellcharakterisierung dargestellt. Der Schwerpunkt liegt dabei auf den Möglichkeiten zur State-of-Health-Bestimmung. Diese Verfahren werden näher erläutert und vor allem hinsichtlich eines Einsatzes in Hybrid- und Elektrofahrzeugen diskutiert. Der zweite Abschnitt dieses Kapitels befasst sich mit der Zellmodellierung in dieser Arbeit.

3.1 Parameteridentifikation

Eine in der Literatur sehr häufig vorgestellte Methode zur Zellcharakterisierung ist die elektrochemische Impedanzspektroskopie (EIS). Bei dieser Methode wird die Impedanz bei verschiedenen Frequenzen gemessen. In der Regel wird ein Frequenzbereich von mHz bis kHz durchfahren. Bei der Messung wird ein sinusförmiger Strom einer bestimmten Frequenz in die Zelle eingeprägt und die Spannungsantwort aufgezeichnet. Die Darstellung der Ergebnisse erfolgt in der Regel in Form eines Nyquist-Diagramms mit dem Realteil auf der x-Achse und dem Imaginärteil auf der y-Achse. Den verschiedenen Teilen der Ortskurve können die unterschiedlichen Prozesse innerhalb der Zelle zugeordnet werden. [8,88,89] Die Ortskurve wird je nach Literatur in fünf oder drei Abschnitte unterteilt. Andre et al. unterteilen die Ortskurve in fünf Sektionen [89]. Diese fünf Sektionen, gemessen bei steigender Frequenz, repräsentieren dabei Diffusionsvorgänge, die elektrochemische Doppelschicht, die SEI-Schicht, den ohmschen Widerstand und bei sehr hohen Frequenzen den Serienwiderstand [89]. Bei der Unterteilung in drei Abschnitte repräsentieren die einzelnen Abschnitte die Diffusionsvorgänge, die elektrochemische Doppelschicht und die Durchtrittsreaktion und der letzte Teil die Serieninduktivität [8].

Die EIS wurde u. a. bereits für Blei- und NiCd-Batterien zur Bestimmung von SoC und SoH eingesetzt [90]. Die Impedanzspektroskopie wird ebenfalls in Kombination mit der Fuzzylogik eingesetzt, um den Alterungszustand und den Ladezustand von Lithium-Ionen Zellen zu bestimmen [91,92]. Waag et al. haben in einer Untersuchung den Einfluss von Temperatur, SoC, Stromrate und Alterungszustand auf die Ortskurve untersucht. Die Ergebnisse zeigen einen großen Einfluss dieser Faktoren auf den Verlauf der Ortskurve. [93]

Die EIS wird eingesetzt, um im laufenden Betrieb Energiespeicher zu diagnostizieren und zu überwachen [88]. Darüber hinaus dienen die aus Impedanzmessungen gewonnenen Parameter als Eingangsgrößen für Simulationsmodelle von Energiespeichern [94].

In der Literatur werden neben der bereits erwähnten elektrochemischen Impedanzspektroskopie weitere Verfahren zur Charakterisierung des elektrochemischen Verhaltens genannt. So kann die Leerlaufspannung über verschiedene stationäre und quasistationäre Verfahren, wie Relaxationsmessungen, Konstantstrommessungen und zyklische Voltammetrie bestimmt werden [22]. Bei der Voltammetrie wird eine rampenförmige Änderung der Spannung auf die Zelle eingeprägt. Die daraus resultierende zeitverzögerte Stromänderung wird ausgewertet und gibt Aufschluss auf die Doppelschichtkapazität und die Prozesse an den Elektroden [95].

Eine der wichtigsten Größen ist der Gesundheitszustand einer Zelle. Dieser setzt die Kenntnis der aktuellen Kapazität der Zelle voraus. Dazu wird die Zelle in der Regel vollständig nach dem IU-Ladeverfahren (CC-CV) geladen und anschließend komplett entladen. Die direkte Messung der Kapazität ist sehr präzise, aber zeitaufwändig [96]. Barré et al. stellen sechs Verfahren vor und vergleichen diese miteinander. Neben der oben erwähnten direkten Messung der Kapazität werden elektrische Ersatzschaltbilder, elektrochemische Modelle, Modelle basierend auf physikalischen Gleichungen, analytische und statistische Modelle als Verfahren genannt. Keine der genannten Methoden wird durchgehend positiv bewertet. [96]

Weitere in der Literatur erwähnte Möglichkeiten sind die destruktiven Methoden, die eine Untersuchung der Zelle unter Zuhilfenahme von Elektronenmikroskop und Röntgenuntersuchungen durchführen, um die Eigenschaften der Zelle zu bestimmen, indem beispielsweise die chemische Zusammensetzung der Elektroden oder des Elektrolyts analysiert werden [97].

Die Veränderung der Ladekurve wird in [98] genutzt, um den Kapazitätsverlust der Zelle zu ermitteln. Dabei werden die CC-Anteile aus dem CC-CV-Ladeverfahren als Eingangsgrößen in ein einfaches Batteriemodell genutzt.

Banaei et al. stellen in [99] ein Verfahren vor, welches die Spannungsantwort auf einen Stromimpuls betrachtet und diesen Wert kontinuierlich überwacht und so die SoH-Bestimmung einer Zelle ermöglicht. Dieser sogenannte DC-Widerstand ist einfach zu ermitteln und kann zur Bestimmung des Alterungszustands eingesetzt werden, da der ohmsche Widerstand mit zunehmender Alterung ansteigt.

Die Einflüsse von Stromimpulshöhe, -dauer, Ladezustand (SoC), Gesundheitszustand (SoH) und Temperatur auf den ohmschen Widerstand werden in [100] diskutiert. Die Ergebnisse der Messungen zeigen eine Zunahme des Widerstands mit abnehmender Temperatur und mit zunehmender Anzahl an Zyklen. Der Einfluss des Ladezustands auf den Widerstand ist sehr gering und nur bei sehr niedrigen Ladezuständen sichtbar. Die Erhöhung des Stromimpulses führt zu einer Abnahme des Widerstands, während eine Verlängerung der Stromimpulsdauer die Zunahme des Widerstands zur Folge hat. Ersteres ist jedoch nur nachweisbar für niedrige Ladezustände und sehr niedrige Temperaturen.

Der Spannungsabfall bzw. -anstieg aufgrund eines Stromimpulses wird in [101] betrachtet. Dabei wird bei Entlade- und Ladeimpulsen der Widerstand zu drei verschiedenen Zeitpunkten (10 ms, 2 s und 30 s) bestimmt. Die Messungen zeigen, dass zur Ermittlung des ohmschen Widerstands 10 ms als Messzeitpunkt ausgewählt werden müssen.

Schweiger et al. zeigt, dass der ermittelte Widerstand unabhängig davon ist, ob die Spannungsänderung zu Beginn oder zum Ende des Stromimpulses bestimmt wird. Ebenso führt ein direkter Sprung von Laden zu Entladen zu identischen Ergebnissen. Es besteht jedoch eine Abhängigkeit des Widerstands von der Höhe des Stromimpulses und dem Zeitpunkt der Spannungsermittlung. Je später die Spannungsänderung aufgrund eines anliegenden Stromimpulses erfasst wird, umso größer wird der Widerstand. Außerdem ergeben die Untersuchungsergebnisse eine Zunahme des Widerstands mit zunehmender Höhe des Stromimpulses. Dieser Effekt nimmt ab, je früher die Spannungsänderung detektiert wird. Bei einer sehr frühen Ermittlung der Spannungsänderung, wie beim ohmschen Widerstand, ist dieser Einfluss nicht zu erkennen. [102]

Der ohmsche Widerstand als Gradmesser zur Beurteilung von Lithium-Ionen Batterien für den Einsatz in Elektrofahrzeugen ist Untersuchungsschwerpunkt in [103]. Dabei werden drei verschiedene Methoden zur Bestimmung des Widerstands verglichen. Neben der bereits erwähnten Methode der Messung der Spannungsantwort auf einen Stromimpuls nach 500 μs, 2 s, 30 s und 60 s wird die sogenannte USABC Methode vorgestellt. Dabei wird der Spanungsabfall 30 s nach dem Stromimpuls bestimmt. Die dritte Methode ist die „Voltage Curve Difference"-Methode. Dabei wird bei identischem SoC die Zelle mit zwei verschiedenen Stromimpulsen belastet. Die Ergebnisse zeigen den großen Einfluss des Messverfahrens.

Für Hybridfahrzeuge stellen [104,105] Verfahren zur Überwachung und Entwicklung des SoH im Fahrzeug vor. Im Fahrzeug kann dazu ein Modell hinterlegt werden, welches beispielsweise den Startvorgang des Verbrennungsmotors nutzt, um den Widerstand zu ermitteln. Die gemessenen Werte für den ohmschen Widerstand werden mit den hinterlegten Werten im Modell verglichen und können so zur Bewertung herangezogen werden.

Bei reinen Elektrofahrzeugen werden für Fahrzeugflotten statistische Bewertungen herangezogen, um die Fahrzeuge in Gruppen einzuteilen und damit basierend auf Modellen eine Kapazitätsabschätzung vorzunehmen. Dazu müssen zunächst relevante Daten wie Batterietemperatur, Ladezustand und Energiebilanz von Fahrzeugen erfasst werden. Auf dieser Grundlage werden repräsentative Einsatzszenarien aufgestellt, die als Eingangsgrößen in ein Kapazitätsmodell dienen. [106]

3.2 Modellierung von Zellen

In Kapitel 2.3 wurden die grundsätzlichen Möglichkeiten zur Modellierung des Zellverhaltens bereits gezeigt. In diesem Kapitel wird das in dieser Arbeit eingesetzte Batteriemodell vorgestellt. Aufgrund der Anforderungen, das elektrische Verhalten nachzubilden, fällt in dieser Arbeit die Wahl auf ein Ersatzschaltbildmodell, da damit mit geringem Rechenaufwand das Verhalten einer Zelle echtzeitfähig mit einer ausreichend hohen Genauigkeit simuliert werden kann [84]. Dazu wird im ersten Schritt ein Modell für eine Einzelzelle vorgestellt. Im Anschluss wird eine Möglichkeit zur Modellierung von parallel verschalteten Zellen auf Basis des Ein-Zellen-Modells dargelegt.

3.2.1 Aufbau einer Einzelzelle

Das in dieser Arbeit entworfene Batteriemodell basiert auf der Verschaltung der bereits erwähnten elektrischen Grundelemente: Kapazitäten und Widerstände. Weitere Grundelemente wie die Induktivität und die Warburg-Impedanzen (ideales Reservoir und als undurchlässige Wand) werden in dieser Arbeit nicht eingesetzt, da sie zwar die Genauigkeit erhöhen, aber auch zu einer Komplexitätszunahme und somit zu einer Erhöhung der Rechendauer führen. Der Aufwand rechtfertigt den Nutzen nicht. [83,107]

In dieser Arbeit wird daher ein Ein-Zellen-Modell bestehend aus einem ohmschen Widerstand und mehreren RC-Gliedern in Simulink aufgebaut. Neben dem Klemmenspannungsmodell gehören zum Aufbau ein Input- und Output-Block, ein SoC-Modell, ein Modell zur Ermittlung der Parameter und ein Modell der Leerlaufspannung [108]. Die Anzahl der RC-Glieder kann flexibel festgelegt werden. In Abschnitt 3.2.2 wird auf die optimale Anzahl der RC-Glieder eingegangen. Der schematische Aufbau des Modells mit den Ein- und Ausgangsgrößen der einzelnen Blöcke ist in Abbildung 3.1 dargestellt.

Im nächsten Abschnitt werden die einzelnen Blöcke mit ihren Funktionen kurz erläutert:

- Input: Dieser Block benötigt als Eingangsgröße den Strom- und Spannungsverlauf sowie den Widerstand R_S, welcher für die Selbstentladung verantwortlich ist, und die verfügbare Kapazität der Zelle. Aus den Spannungsverläufen werden vor der eigentlichen Simulation die Verläufe der Klemmenspannung, des Innenwiderstands und der Zeitkonstanten ermittelt.

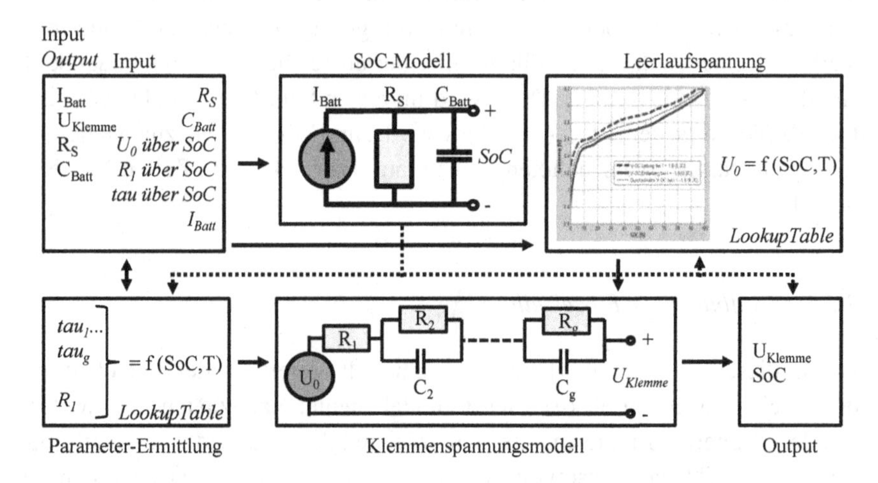

Abbildung 3.1: Aufbau des verwendeten Ein-Zellen-Modells nach [108]

- SoC-Modell: Dieser Block ermittelt zu jedem Simulationsschritt den aktuellen Ladezustand der Zelle. Als Eingangsgröße wird neben dem Selbstentladungswiderstand und der Kapazität der Stromverlauf benötigt, um den SoC über das sogenannte Coulomb-Counting zu bestimmen. Das Modell umfasst eine ideale Stromquelle, einen parallel geschalteten Widerstand R_S und einen Kondensator mit der Kapazität C_{Batt}. Mithilfe der Kirchhoffschen Regeln und der Korrelation von Strom und Spannung am Kondensator und am Widerstand ergibt sich folgende Differentialgleichung:

$$\frac{dU_{SoC}}{dt} = -\frac{1}{R_S \cdot C_{Batt}} U_{SoC} + \frac{1}{C_{Batt}} \cdot I \qquad \text{Gl. 3.1}$$

Dabei besteht über die Kapazität C_{Batt} die Möglichkeit, die Zyklenzahl und die Temperatur zu berücksichtigen, indem Korrekturfaktoren ergänzt werden. [108]

- Leerlaufspannungsmodell: Als Eingangsgrößen dieses Blocks dienen der Ladezustand und die Temperatur. Über eine hinterlegte Kennlinie kann unter Berücksichtigung der Temperatur die Leerlaufspannung ermittelt werden.

- Parameter-Ermittlung: In diesem Block werden die SoC- und temperaturabhängigen Parameter ermittelt. Dies sind die Zeitkonstanten (tau_1,..., tau_g) und der Innenwiderstand R_I. Die Zeitkonstante tau_h ist das Produkt aus dem Widerstand R_h und der Transientenkapazität C_h und beschreibt das dynamische Verhalten der Zellen bei Belastung. Über das ohmsche Gesetz lässt sich im ersten Schritt der Innenwiderstand der Zelle berechnen. Anschließend erfolgt in Abhängigkeit der Anzahl der RC-Glieder die Definition der Gültigkeitsbereiche der Zeitkonstanten. Die Gültigkeitsbereiche sind die Zeiträume, in denen das jeweilige RC-Glied, und damit die jeweilige Zeitkonstante, das dynamische Verhalten der Spannung beschreibt. Damit kann für jedes RC-Glied der Transientenwiderstand R_h bestimmt werden, indem der Spannungsabfall in diesem Zeitbereich durch die Höhe des Stromimpulses dividiert wird. Die Zeitkonstante tau_h kann durch Lösen der Differentialgleichung für jedes RC-Glied bestimmt werden. Diese sieht bei einer Stromentnahme folgendermaßen aus, wobei h das aktuelle RC-Glied darstellt:

$$u_{RCh}(t) = U_{R_1} + \sum_{f=1}^{h-1} U_{RCf} + U_{RCh}\, e^{-\frac{t}{tau_h}} \qquad \text{Gl. 3.2}$$

Die ersten zwei Terme stellen dabei die Spannung zu Beginn des Zeitbereichs dar. Der letzte Term beschreibt das tatsächliche dynamische Verhalten in diesem Zeitbereich. Im letzten Schritt kann die Transientenkapazität C_h nach Gl. Gl. 3.3 ermittelt werden.

$$C_h = \frac{tau_h}{R_h}$$ Gl. 3.3

- Klemmenspannungsmodell: Die Eingangsgrößen in diesem Block sind die ermittelten Werte aus der Parameter-Ermittlung sowie der Leerlaufspannung. Das Ein-Zellen-Modell besteht aus einem Widerstand und einer Anzahl g von RC-Gliedern. Für den Spannungsabfall an jedem RC-Glied lässt sich folgende Differentialgleichung aufstellen:

$$\frac{dU_{RCg}}{dt} = -\frac{1}{R_g \cdot C_g} U_{RCg} + \frac{1}{C_g} \cdot I_{Batt}$$ Gl. 3.4

  Die Klemmenspannung kann in diesem Fall nach der Kirchhoffschen Maschenregel ermittelt werden:

$$U_{Klemme} = U_0 + U_{R_1} + U_{RC_1} + \cdots + U_{RC_g}$$ Gl. 3.5

- Output: In diesem Block stellen die Eingangs- auch die Ausgangsgrößen dar. Dies sind die zeitlichen Verläufe der Klemmenspannung und des Ladezustands.

In Abbildung 3.2 ist beispielhaft der Verlauf von simulierter und gemessener Spannung über der Zeit dargestellt. Zum Einsatz kam das Batteriemodell mit drei RC-Gliedern. Es ist eine signifikante Übereinstimmung zu erkennen. Die mittlere quadratische Abweichung liegt bei 0,0025 V^2/s. Die Ungenauigkeiten treten vor allem zum Ende des Entladeimpulses auf. Ein Optimierungspotential liegt bei der Wahl der Gültigkeitsbereiche der Zeitkonstanten vor, indem beispielsweise eine Sensitivitätsanalyse durchgeführt wird.

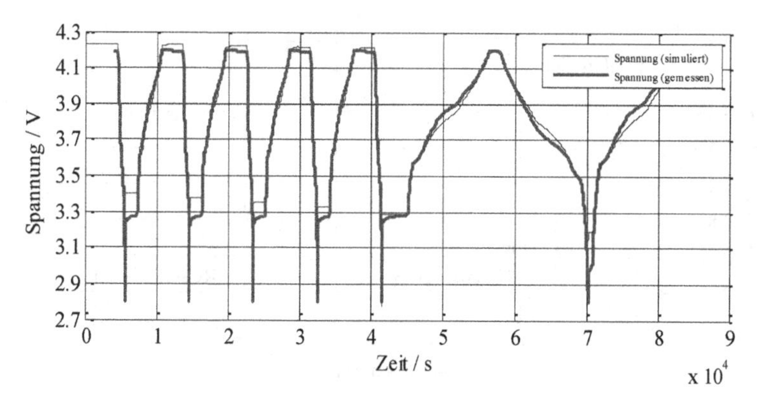

Abbildung 3.2: Gemessener und simulierter Spannungsverlauf

Der Einfluss der Alterung kann über die Kapazität der Zelle C_{Batt} berücksichtigt werden. Mit zunehmender Zyklenzahl werden aus den Untersuchungen am Prüfstand ermittelte Parameterwerte an das Modell übergeben. Gleiches gilt für den Einfluss der Temperatur. Für die Modellierung ist daher ein dreidimensionales Kennfeld für jeden Parameter erforderlich.

3.2.2 Optimale Anzahl an RC-Gliedern

Die Anzahl der RC-Glieder kann in dem vorgestellten Batteriemodell flexibel gewählt werden. Eine Analyse ergibt, dass das Batteriemodell mit drei RC-Gliedern eine sowohl ausreichende Genauigkeit als auch eine annehmbare Rechendauer aufweist [108]. Dabei wird die mittlere quadratische Abweichung über der Rechengeschwindigkeit aufgetragen. Zur Bestimmung des Fehlers werden die simulierten Spannungen mit dem Originalspannungsverlauf aus Untersuchungen am Prüfstand verglichen. Eine Erhöhung der RC-Glieder auf vier verringert die mittlere quadratische Abweichung um 2 % bei einer Zunahme der Rechendauer um über 40 %, wie in Abbildung 3.3 dargestellt ist.

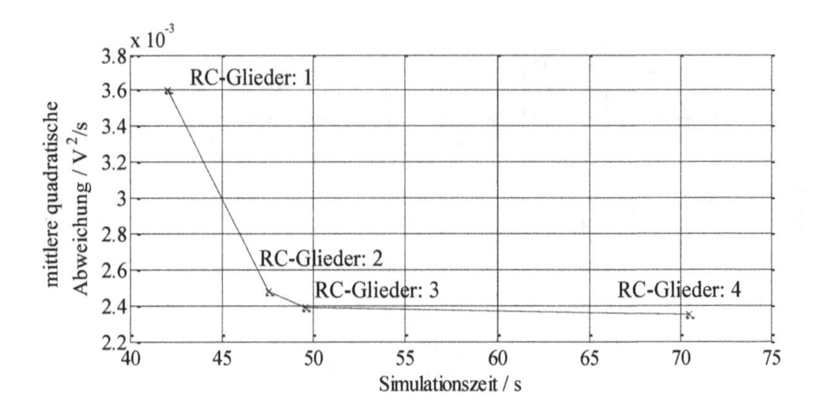

Abbildung 3.3: Berechnungsgenauigkeit des Modells nach [108]

3.2.3 Aufbau parallel verschalteter Zellen

In Kapitel 3.2.1 wurde der Aufbau eines Ein-Zellen-Modells erläutert. Dieses wird erweitert, um das Verhalten von parallel und seriell verschalteten Zellen abzubilden, und zwar mit einer beliebigen Anzahl an Zellen. Dabei soll m die parallelen Stränge und l die Anzahl der seriell verschalteten Zellen darstellen. Die Grundstruktur des aufgebauten Mehr-Zellen-Modells ist in Abbildung 3.4 dargestellt. Die Funktion der einzelnen Blöcke wird im Folgenden kurz erläutert.

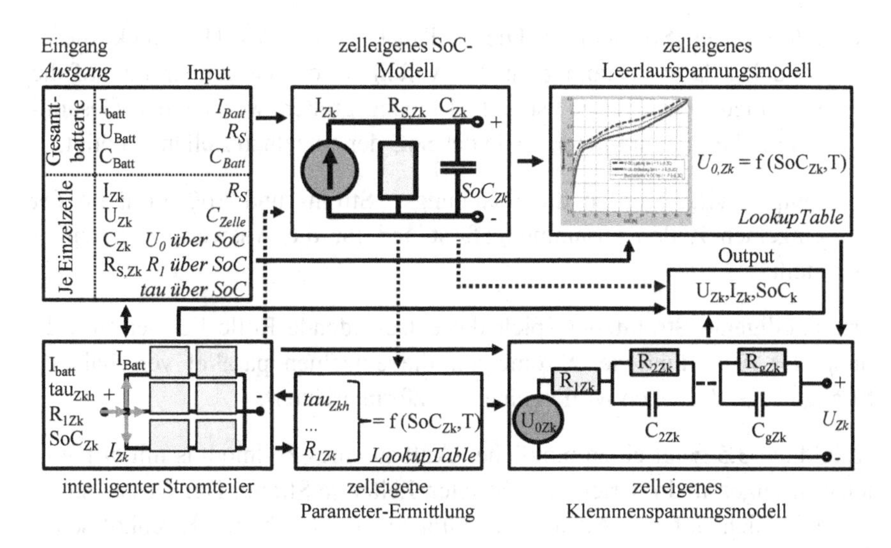

Abbildung 3.4: Aufbau des Mehr-Zellen-Modells

- Input: Analog zum Ein-Zellen-Modell wird dieser Block vor der eigentlichen Simulation durchgeführt. Als Eingangsgrößen dienen zum einen die Spannungs- und Stromverläufe sowie die Gesamtkapazität der Gesamtbatterie, zum anderen werden von den Einzelzellen die Einzelströme, die Klemmenspannung, die Einzelzellkapazität und der Selbstentladungswiderstand benötigt.

- Zelleigenes SoC-Modell: Dieser Block arbeitet analog zum SoC-Modell im Ein-Zellen-Modell. Für jede Zelle kann in Abhängigkeit des entnommenen Stroms ein eigener SoC bestimmt werden.

- Zelleigenes Leerlaufspannungsmodell: Für jede Zelle kann ein eigenes Leerlaufspannungsmodell ermittelt und hinterlegt werden.

- Zelleigene Parameter-Ermittlung: In diesem Block werden analog zum Ein-Zellen-Modell die Parameter ermittelt.

- Zelleigenes Klemmenspannungsmodell: Analog zum Ein-Zellen-Modell wird für jede Einzelzelle in dem simulierten Modul eine Spannung simuliert.

- Intelligenter Stromteiler: Dieser Block bildet das Herzstück dieses Modells, da er zuständig für die Aufteilung des Gesamtstroms auf die verschiedenen Stränge ist. Als Eingangsgrößen werden der Gesamtstrom, die Zellparameter sowie der SoC der einzelnen Zellen benötigt.
- Output: Hier werden die Spannungs-, Strom- und SoC-Verläufe der einzelnen Zellen zusammengefasst und für die Auswertung bereitgestellt.

Der intelligente Stromteiler spielt die entscheidende Rolle bei der Berechnung der Aufteilung der Ströme auf die einzelnen parallel verschalteten Stränge. Das Vorgehen wird in einer Kurzform erläutert.

Abbildung 3.5 zeigt einen möglichen Aufbau eines Zellmoduls mit m parallelen Strängen und l seriell verschalteten Zellen je Strang. Der Gesamtstrom I_{Batt} teilt sich auf die Anzahl der Stränge auf. Nach der Kirchhoffschen Knotenregel gilt am Eingangsknoten folgende Gleichung:

$$I_{Batt} = I_{Z1} + I_{Z2} \ldots + \ldots + I_{Zm} \qquad \text{Gl. 3.6}$$

Eine weitere Randbedingung ist die identische Spannungslage von parallelen Strängen. Damit lässt sich die nachfolgende Gleichung formulieren:

$$U_{Z1} = \ldots = U_{Zm} = U_{Klemme} \qquad \text{Gl. 3.7}$$

Für drei parallele Zellen ($m = 3$, $l = 1$) kann folgende Matrixgleichung aufgestellt werden, wobei Φ ein Widerstandsäquivalent und Γ ein Spannungsäquivalent darstellen:

$$\begin{bmatrix} I_{Z1} \\ I_{Z2} \\ I_{Z3} \end{bmatrix} = \begin{bmatrix} \Phi_1 & -\Phi_2 & 0 \\ 0 & \Phi_2 & -\Phi_3 \\ 1 & 1 & 1 \end{bmatrix}^{-1} \cdot \begin{bmatrix} \Gamma_2 - \Gamma_1 \\ \Gamma_3 - \Gamma_2 \\ I_{Batt} \end{bmatrix} \qquad \text{Gl. 3.8}$$

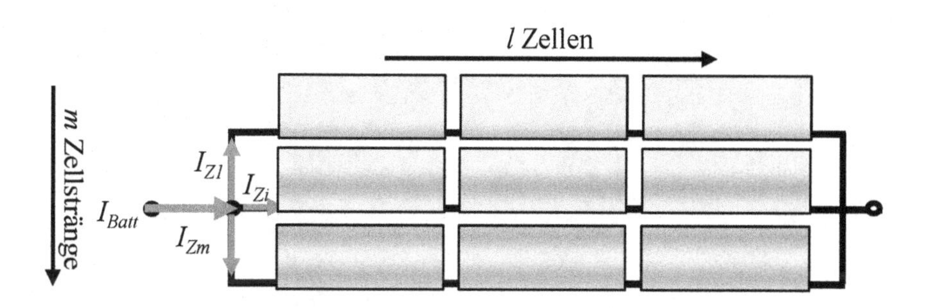

Abbildung 3.5: Intelligenter Stromteiler

Das erstellte Mehr-Zellen-Modell wird mit den Untersuchungen an drei parallelen Zellen am Batterieprüfstand bewertet. Die Ergebnisse zeigen eine sehr gute Übereinstimmung des Modells mit der Realität. So treten beim Spannungsverlauf mittlere quadratische Abweichungen von 0,09 V^2/s auf. Bei der Verteilung des Stroms auf die drei parallel verschalteten Zellen liegen die mittleren quadratischen Abweichungen bei 1,04 A^2/s (Zelle 1), 0,04 A^2/s (Zelle 2) sowie 0,98 A^2/s (Zelle 3). Eine ausführliche Erläuterung und Herleitung der Äquivalente und detailliertere Auswertungen sind in [108] zu finden.

4 Untersuchungen am Batterieprüfstand

Hauptziel der Untersuchungen am Batterieprüfstand ist es, allgemeingültige Aussagen zu Lithium-Ionen Akkumulatoren hinsichtlich des Alterungsverhaltens und deren Einflussgrößen für diesen spezifischen Batterietyp zu machen. Genaue und vergleichbare Ergebnisse bei der Vermessung von Energiespeichern auf einem Prüfstand setzen den Einsatz von zuverlässiger und genauer Messtechnik voraus. In den folgenden Abschnitten werden zunächst die untersuchten Zellen und der Prüfstandsaufbau mit dem eingesetzten Messequipment näher beschrieben. Anschließend wird das Untersuchungslayout mit dem definierten Testzyklus und den durchgeführten Testreihen dargestellt. Der dritte und vierte Abschnitt befassen sich mit den Ergebnissen und den daraus gewonnenen Erkenntnissen aus den Zelluntersuchungen.

4.1 Untersuchte Zellen und verwendete Messgeräte

Im Rahmen dieser Arbeit werden elektrische Untersuchungen sowohl an Einzelzellen als auch an parallel verschalteten Zellen vorgenommen. Die verwendeten Lithium-Polymer-Zellen weisen eine Kapazität von 5,4 Ah, eine Nennspannung von 3,7 V bei einem Spannungsbereich von 2,8 bis 4,2 V und eine maximale Lade- und Entladerate von 3 bzw. 16 C auf [109].

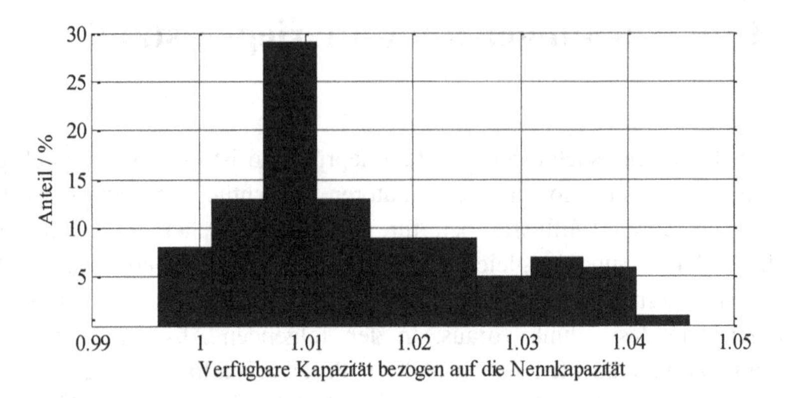

Abbildung 4.1: Kapazität der verfügbaren Lithium-Ionen Zellen

Die Kapazität der Lithium-Ionen Zellen ist vor der Auslieferung vom Hersteller bei einer Kapazitätsmessung mit einer Lade- und Entladerate von 0,3 C bestimmt worden. Die ermittelten Kapazitäten der 100 Zellen bezogen auf die Nennkapazität sind in Abbildung 4.1 in Form eines Histogramms aufgeführt. Bei 98 % der gelieferten Zellen liegt die gemessene Kapazität über der der Nennkapazität des Herstellers. Die mittlere Kapazität der 100 Zellen liegt bei 5,4807 Ah mit einer Standardabweichung von 0,0619 Ah. Die Streuung der Initialkapazität der untersuchten Zellen geht einher mit Messungen in diversen Studien. Ursache für diese Abweichungen sind die Einflüsse der Produktion und des Transports auf die Zellen. Untersuchungen zeigen, dass trotz immer weiterer Optimierung des Produktionsprozesses die Initialkapazität der Zellen nicht immer identisch ist. [10,110] Rothgang et al. haben bei 700 neuen Höchstleistungszellen mit einer Einzelzellkapazität von 5 Ah eine durchschnittliche Kapazität von 5,06 Ah mit einer Standardabweichung von 0,1195 Ah ermittelt [10]. Eine mittlere Kapazität von ca. 1,85 Ah wird bei einer Untersuchung von 48 Zellen in [110] gemessen. Dabei wird eine Kapazitätsdifferenz von unter 0,05 Ah zwischen der besten und der schlechtesten Zelle festgestellt. Dubarry et al. stellen in einer Untersuchung von 100 Zellen neben einer Abweichung der gemessenen Kapazität auch eine Varianz von 1,7 % bei der Masse der Zellen fest [86].

Die Messungen im Rahmen dieser Arbeit werden in einem Batterielabor am Institut für Verbrennungsmotoren und Kraftfahrwesen (IVK) durchgeführt. Zum Messaufbau gehören ein Zelltester mit eigenem Messrechner, zusätzliche Stromsensoren für die Erfassung der Ströme bei parallel verschalteten Zellen und ein Umweltsimulationsschrank zum Temperieren der Zellen. Bei dem Zelltester handelt es sich um ein High Power Testgerät (HPS) der BaSyTec GmbH. Mit diesem Zelltester ist eine zeitsynchrone Strom- und Spannungsmessung mit einer Genauigkeit von 0,05 % möglich. Der maximal mögliche Lade- und Entladestrom beträgt ± 240 A bei einer Stromanstiegszeit von 1 A/µs. [111] Die Frequenz der Messdatenerfassung ist nicht konstant über die gesamte Messung. Sie kann entweder nach einer bestimmten Zeit oder der Veränderung eines Messwerts festgelegt werden. So kann sichergestellt werden, dass beispielsweise in den Pausenzeiten nicht unnötig viele Daten erfasst werden. Eine hohe Messdatenaufzeichnung ist dagegen bei den Stromimpulsen gewünscht, um jede Veränderung der Spannung möglichst lückenlos aufzeichnen zu können.

Um bei parallel verschalteten Zellen zusätzlich die Ströme der einzelnen parallelen Stränge zu erfassen, kommen Stromsensoren der Firma Isabellenhütte Heusler GmbH & Co. KG (Typ IVT-B) zum Einsatz. Diese weisen einen Shunt-Widerstand von 100 µΩ auf. Der damit gemessene Stromfluss wird über CAN-Botschaften ausgegeben und mit einem zweiten Messrechner zeitgleich aufgezeichnet. [112] Bei allen Messungen befinden sich die Zellen in einem Umweltsimulationsschrank der Firma Binder GmbH. Mit dem Modell MK 115 können Temperaturen von -40 °C bis 180 °C eingeregelt werden. [113]

4.2 Untersuchungslayout

Um allgemeingültige Aussagen zum Alterungsverhalten von Lithium-Ionen Zellen und deren Einflussgrößen machen zu können, muss das Untersuchungslayout entsprechend ausgelegt werden. Dazu müssen die grundsätzlichen Einflussgrößen auf die Dynamik der Lithium-Ionen Zellen betrachtet werden. Jossen unterscheidet in [114] zwischen internen und externen Parametern. Dabei gehören der Ladezustand (SoC) und der Gesundheitszustand (SoH) zu den internen Parametern. Zu den externen Parametern werden unter anderen die Temperatur und der Strom gezählt. Auf Basis dieser genannten Einflussgrößen wird in den folgenden Abschnitten der entwickelte Testzyklus vorgestellt. Anschließend werden die durchgeführten Zelluntersuchungen für sowohl Einzelzellen als auch für parallel verschaltete Zellen erläutert. Der Hintergrund für die verschiedenen Konfigurationen ist das Auftreten dieser Verschaltungen in realen Elektrofahrzeugen. So werden beispielsweise im Smart Electric Drive und im Citroën cZero ausschließlich serielle Verschaltungen eingesetzt [55,70]. Im Tesla Roadster dagegen kommt eine Kombination aus serieller und paralleler Verschaltung zum Einsatz [115].

4.2.1 Testzyklus zur Zellalterung

Bei Untersuchungen an Zellen hat der Testzyklus einen großen Einfluss auf die Messergebnisse. Die Definition des Zyklus spielt eine entscheidende Rolle und hängt wesentlich von den zu untersuchenden Größen und dem Einsatzkontext ab. Im Rahmen dieser Arbeit bildet die Zellalterung in Elektrofahrzeugen den Schwerpunkt. Daher muss der Testzyklus das Alterungsverhalten über die gesamte Lebensdauer abbilden können.

Die im Rahmen dieser Arbeit untersuchten Zellen werden mit dem in Tabelle 4.1 dargestellten Testzyklus beaufschlagt. Dieser besteht aus fünf Alterungszyklen (fünfmalige Wiederholung der Schritte 1–4) und einem anschließenden Kapazitätszyklus (Schritte 5–11). Bei den fünf Alterungszyklen wird mit einer Rate von 1 C geladen und mit einer Rate von 4 C entladen. Während des Kapazitätszyklus werden die Zellen mit einer Rate von 0,3 C ge- und entladen. Bei allen Ladevorgängen wird das IU-Ladeverfahren (CC-CV-Verfahren) angewendet. Der Abschaltstrom beträgt 0,03 C. Die Entladevorgänge werden bis zur unteren Grenzspannung durchgeführt.

Die Pausen zwischen den einzelnen Schritten dienen dazu, damit sich ein chemisches Gleichgewicht in der Zelle einstellt und die Ruhespannung somit anliegt.

Tabelle 4.1: Testzyklus

Schritt	Beschreibung
1	Laden mit 1 C bis U_{max} und $I < 0{,}03$ C
2	Pause 1800 s
3	Entladen mit 4 C bis U_{min}
4	Pause 1800 s
	Fünfmalige Wiederholung der Schritte 1–4
5	Pause 1800 s
6	Laden mit 0,3 C bis U_{max} und $I < 0{,}03$ C
7	Pause 600 s
8	Entladen mit 0,3 C bis U_{min}
9	Pause 600 s
10	Laden mit 0,3 C bis U_{max} und $I < 0{,}03$ C
11	Pause 600 s

Die ausgewählten C-Raten des Testzyklus basieren auf gemessenen Strömen aus der Hochvoltbatterie während Messfahrten mit einem Elektrofahrzeug auf dem FKFS-Rundkurs. Dazu wurde ein aktuell auf dem Markt verfügbares Elektrofahrzeug mit zusätzlicher Sensorik zur Aufzeichnung von sowohl Strömen als auch Spannungen ausgerüstet. Mit diesen über 15 Sensoren konnten die energetischen Flüsse innerhalb des Fahrzeugs identifiziert werden. Die Fahrten wurden bei verschiedenen Temperaturen (< -5 °C, zwischen -5 °C und 5 °C, > 25 °C) und zu verschiedenen Tageszeiten (Tag / Nacht) durchgeführt. [116] Der Rundkurs um Stuttgart repräsentiert den Fahrbetrieb in Deutschland hinsichtlich der verschiedenen Streckentypen Autobahn (31 %), Landstraße (36 %) und Stadtstraße (33 %) und einer Streckenlänge von etwa 60 km. Dabei wird eine Gesamthöhendifferenz von knapp 1800 m überwunden. [117]

Der größte Anteil mit über 25 % der Entladeströme auf diesem Rundkurs tritt im Bereich bis 0,3 C auf. Die maximal aufgezeichnete Entladerate beträgt knapp 4 C. Die genaue Verteilung der C-Raten auf den durchgeführten Messfahrten ist in Abbildung 4.2 aufgeführt. [118] Mit dem vorgestellten Testzyklus wird somit zum einen die Zelle mit einer hohen C-Rate zügig gealtert, zum anderen wird mit einer geringen C-Rate der aktuelle SoH, also die Kapazität der Zelle bestimmt.

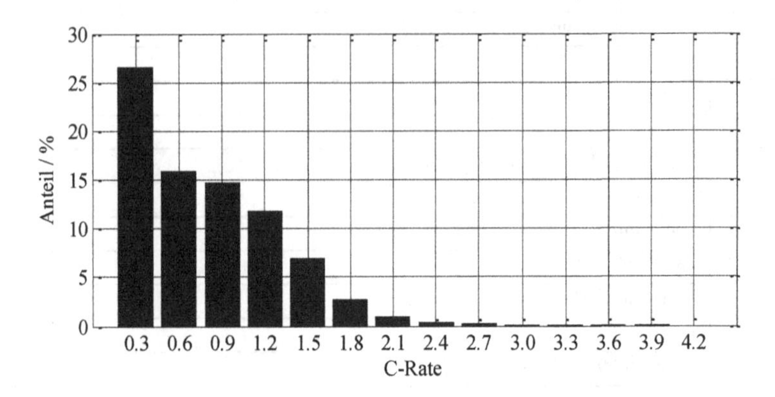

Abbildung 4.2: Häufigkeitsverteilung der C-Raten auf dem Rundkurs

Da die Messungen bei verschiedenen Temperaturen durchgeführt werden, ist die Zellkonditionierung von Bedeutung. Um eine vollständige Temperierung der Zellen zu gewährleisten, werden die Zellen mindestens zwei Stunden im Umweltsimulationsschrank auf die gewünschte Temperatur konditioniert, bevor der Testdurchlauf gestartet wird.

4.2.2 Untersuchungen an Einzelzellen

Bei den Untersuchungen an Einzelzellen werden Messreihen bei drei verschiedenen Umgebungstemperaturen durchgeführt (Tabelle 4.2). Bei jeder Messreihe wird der Testzyklus wiederholt, bis während des Kapazitätszyklus ein SoH von 80 % erreicht wird. Dabei kommt für jede Messreihe eine neue Zelle zum Einsatz. Mit diesen Messungen wird der Einfluss der Umgebungstemperatur auf die Zellparameter untersucht. Die Messungen dienen des Weiteren als Referenzmessungen für die späteren Messungen mit parallel verschalteten Zellen.

Tabelle 4.2: Übersicht Messungen mit Einzelzellen

Art der Messung	Umgebungstemperatur	Anzahl Messreihen
Referenzmessung 1	0 °C	Eine Messreihe
Referenzmessung 2	23 °C	Eine Messreihe
Referenzmessung 3	40 °C	Eine Messreihe

4.2.3 Untersuchungen an zwei parallel verschalteten Zellen

Neben der seriellen Verschaltung von Einzelzellen kommen in Hybrid- und Elektrofahrzeugen, wie in 4.1 erläutert, parallel verschaltete Zellen zum Einsatz. Zunächst wird der Einfluss der Verschaltung von zwei Zellen in dieser Arbeit untersucht. Der dazu zusätzlich eingesetzte Stromsensor zur Messung der beiden Einzelströme und der Aufbau mit zwei parallelen Zellen sind in Abbildung 4.3 abgebildet. Mit den Messungen an zwei parallelen Zellen wird wie bei den Einzelzellen das Verhalten des ohmschen Widerstands des Batteriemoduls mit zunehmender Anzahl an Alterungszyklen betrachtet. Zusätzlich kann der Einfluss auf die parallel verschaltete Einzelzelle untersucht werden, indem die Aufteilung des Gesamtstroms auf die beiden Einzelzellen betrachtet wird.

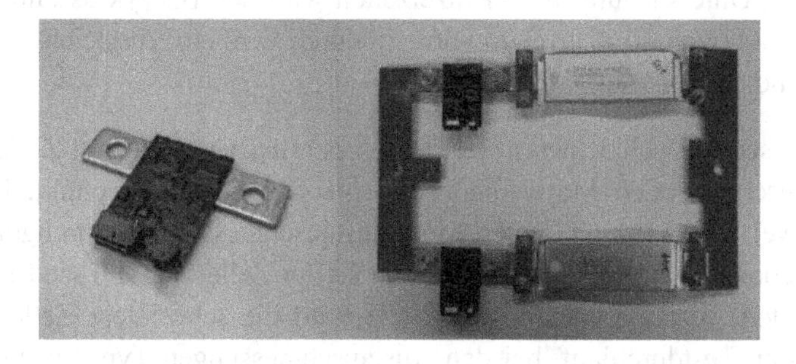

Abbildung 4.3: Stromsensor und Versuchsanordnung zur Parallelschaltungvon zwei Zellen

Zusätzlich wird der Einfluss eines Zellaustausches mit diesen Messungen untersucht. Dazu wird nach einer definierten Anzahl an Testdurchläufen die Zelle mit dem niedrigeren SoH gegen eine neue Zelle ausgetauscht

(Abbildung 4.4). Die Ermittlung der Kapazitäten der zwei Einzelzellen sowie der neuen Zelle wird über eine Kapazitätsmessung vorgenommen [119,120]. Im realen Einsatz in Elektrofahrzeugen kann diese Situation bei defekten oder verschlissenen Zellen oder Zellmodulen auftreten. Mit dem Austausch einzelner Module können nach Schmidt die Reparaturkosten niedrig gehalten werden [121]. Mit den Ergebnissen aus diesen Untersuchungen können die Auswirkungen eines Zellaustausches und somit der Einfluss von zwei unterschiedlich gealterten Zellen auf das gesamte Modul untersucht und betrachtet werden.

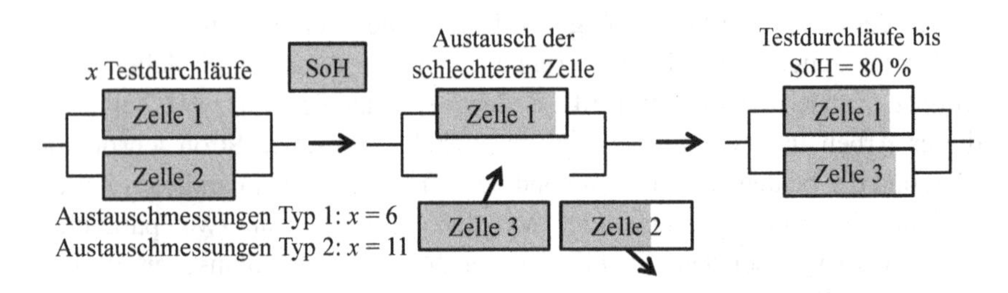

Abbildung 4.4: Vorgehen bei den Austauschmessungen

Es werden zunächst Referenzmessungen ohne Zellaustausch durchgeführt. Wie bei den Untersuchungen an Einzelzellen wird der Testzyklus durchlaufen bis ein SoH von 80 % erreicht wird. Dadurch wird ein Vergleich mit den Einzelzellmessungen möglich.

Der Austausch der schlechteren der beiden parallel verschalteten Zellen ist bei den anschließenden Messreihen der Untersuchungsschwerpunkt. Dabei werden zwei verschiedene Typen von Austauschmessungen durchgeführt. Sie unterscheiden sich im Austauschzeitpunkt der Zelle mit dem niedrigeren SoH. Bei den Austauschmessungen Typ 1 wird die schlechtere Zelle nach dem sechsten Testdurchlauf, bei den Austauschmessungen Typ 2 nach dem elften Testdurchlauf ersetzt. Bei allen Messungen mit zwei parallel verschalteten Zellen werden die Messungen bei einer Umgebungstemperatur von 23 °C durchgeführt. Tabelle 4.3 gibt eine Zusammenfassung der durchgeführten Messreihen mit zwei parallel verschalteten Zellen.

Tabelle 4.3: Übersicht Messungen mit zwei parallel verschalteten Zellen

Art der Messung	Umgebungstemperatur	Anzahl Messreihen
Referenzmessungen	23 °C	Vier Messreihen
Austauschmessungen Typ 1	23 °C	Zwei Messreihen
Austauschmessungen Typ 2	23 °C	Vier Messreihen

4.2.4 Untersuchungen an drei parallel verschalteten Zellen

Im realen Einsatz wird die Fahrzeugbatterie nicht immer komplett bis zur unteren Grenzspannung entladen, bevor sie wieder geladen wird. Die Auswertungen aus realen Fahrzeugladevorgängen zeigen, dass ein Viertel der Ladungen bei einem Start-SoC von größer als 80 % erfolgen. Lediglich fünf Prozent der Ladevorgänge beginnen bei einem SoC kleiner als 20 % [122]. Bei der Parallelmessung von drei Zellen liegt der Untersuchungsschwerpunkt auf dem Einfluss des Entladehubs auf das Verhalten der Zellparameter. Dazu werden drei Messreihen mit verschiedenen unteren Grenzspannungen während der Alterungszyklen durchgeführt. Bei der ersten Messreihe wird die Zelle bis zur unteren Grenzspannung von U_{min} = 2,8 V vollständig entladen. Bei der zweiten und dritten Messreihe wird die Entladung bei einer Spannung von U_{min} = 3,2 V bzw. U_{min} = 3,8 V abgebrochen und mit Schritt vier des Testzyklus fortgefahren. Die C-Raten bleiben dabei unverändert. Auch der Kapazitätszyklus (Schritte fünf bis elf) entspricht dem bisherigen Kapazitätszyklus mit einer C-Rate von 0,3 C. Die Messungen werden alle bei 23 °C durchgeführt und wiederholt, bis ein SoH von 80 % erreicht wird. Tabelle 4.4 fasst die durchgeführten Messreihen mit drei parallel verschalteten Zellen zusammen.

Tabelle 4.4: Übersicht Messungen mit drei parallel verschalteten Zellen

Art der Messung	Umgebungstemperatur	Anzahl Messreihen
Messung bis U_{min} = 2,8 V	23 °C	Eine Messreihe
Messung bis U_{min} = 3,2 V	23 °C	Eine Messreihe
Messung bis U_{min} = 3,8 V	23 °C	Eine Messreihe

4.3 Messergebnisse

In diesem Kapitel werden die wesentlichen Messergebnisse der Untersuchungen am Batterieprüfstand dargestellt. Es werden zunächst die relevanten zu ermittelnden Werte einschließlich ihrer Berechnung beschrieben. In den anschließenden Abschnitten folgen die Ergebnisse der Messungen an Einzelzellen und parallel verschalteten Zellen.

Der wichtigste zu ermittelnde Wert, die verfügbare Kapazität, wird über der Anzahl der durchgeführten Testdurchläufe dargestellt. Die Kapazität der Zelle wird im letzten Teil des Testzyklus, dem Kapazitätszyklus, ermittelt. Dabei wird der Strom über die Dauer des Entladeimpulses nach Gleichung Gl. 4.1 integriert. Der Entladeimpuls beginnt nach dem CC-CV Ladevorgang mit einer zehnminütigen Ruhephase zu Beginn und endet mit Erreichen der unteren Grenzspannung.

$$C_m = \int_{t_{Entlade_{Start}}}^{t_{Entlade_{Ende}}} I \cdot dt \qquad \text{Gl. 4.1}$$

Ein weiterer relevanter Kennwert zur Beurteilung einer Zelle ist der ohmsche Widerstand. Im Rahmen dieser Arbeit werden für jeden Testdurchlauf sechs Werte für diesen ermittelt. Diese Werte werden während der fünf Alterungszyklen und des abschließenden Kapazitätszyklus berechnet, indem der Spannungsabfall zu Beginn des Entladeimpulses ermittelt und anschließend durch die Höhe des Stromimpulses nach Gleichung Gl. 4.2 geteilt wird. Von großer Bedeutung ist hierbei die korrekte Detektion des Spannungsabfalls. Der Zelltester detektiert jede Spannungsänderung von 10 mV. Bei einem Stromimpuls von über 20 A beträgt der Fehler somit maximal 0,5 mΩ.

$$R_1 = \frac{dU}{dI} \qquad \text{Gl. 4.2}$$

Bei der Vermessung einer Einzelzelle können die Messdaten des Zelltesters direkt verwertet werden. Bei parallel verschalteten Zellen muss berücksichtigt werden, dass der vom Zelltester angeforderte Entladestrom nicht zu gleichen Teilen auf die Zellen verteilt wird. Um die Verteilung auf die parallelen Stränge zu erfassen, ist es daher erforderlich, jeden Strang einzeln zu messen. Für diese Messungen wird ein zweites, synchron laufendes Messsystem eingesetzt. Die Auswertung des ohmschen Widerstands erfolgt dann für jeden Strang separat. Das Schema der Parallelmessung am Beispiel von drei parallel verschalteten Zellen ist in Abbildung 4.5 dargestellt. Der Zelltester erfasst den Gesamtstrom I_{ges} und die Spannung U des gesamten Batteriemoduls. Aus dem Spannungsverlauf kann der Spannungsabfall U_{Sprung} ermittelt werden. Die zusätzlichen Stromsensoren erfassen die Ströme der einzelnen parallelen Stränge I_1, I_2 und I_3. Die Summe der Ströme entspricht dem Gesamtstrom I_{ges}. Die zusätzlichen Stromsensoren liefern einen Wert für die Höhe der Stromimpulse $I_{Impuls,1}$, $I_{Impuls,2}$ und $I_{Impuls,3}$. Mithilfe des Spannungsabfalls U_{Sprung} kann daraus der ohmsche Widerstand für die drei parallel verschalteten Zellen berechnet werden. Die Auswertung der Messungen für zwei parallel verschaltete Zellen läuft entsprechend ab.

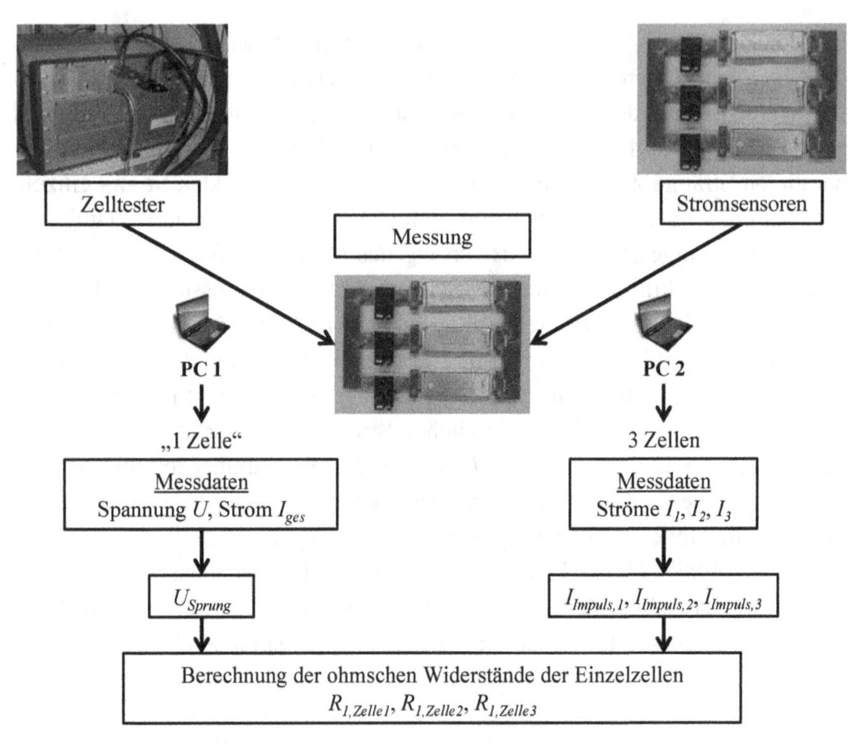

Abbildung 4.5: Schema Parallelschaltung (Beispiel für drei parallele Zellen)

Bei der Auswertung der Messungen werden für jeden Testdurchlauf die entnommenen Kapazitäten und der ohmsche Widerstand des Gesamtmoduls berechnet. Für jeden Testdurchlauf ergeben sich dadurch jeweils fünf Werte für die Alterungszyklen und jeweils ein Wert für den Kapazitätszyklus. Bei der Vermessung von parallel verschalteten Zellen werden zusätzlich, wie erläutert, die ohmschen Widerstände der Einzelzellen berechnet. Die berechneten Größen bilden den Schwerpunkt dieser Auswertung und sind in Tabelle 4.5 zusammengefasst. Die Auswertung der Messungen erfolgt teilautomatisiert mithilfe einer Benutzeroberfläche (engl.: Graphical User Interface) in Matlab [123].

Tabelle 4.5: Übersicht Messgrößen bei parallel verschalteten Zellen

Messsystem	Messwert	Berechnete Größen
System 1: Zelltester	Spannungsverlauf U Stromverlauf I_{ges} Ohmscher Widerstand R_{AC}* Kapazitätsverlauf C	Kapazität pro Entladung C (5+1)** Ohmscher Widerstand R_I (5+1)
System 2: Stromsensoren	Stromverlauf Zelle 1 I_1 Stromverlauf Zelle 2 I_2 Stromverlauf Zelle 3 I_3	Ohm. Widerstand Zelle 1 $R_{I,Z1}$ (5+1) Ohm. Widerstand Zelle 2 $R_{I,Z2}$ (5+1) Ohm. Widerstand Zelle 3 $R_{I,Z3}$ (5+1)
* Ohmscher Widerstand R_{AC} ist ein Messwert vom Zelltester ** Berechnet für jede Entladung bei fünf Alterungszyklen und einem Kapazitätszyklus		

Aus den berechneten Werten für den ohmschen Widerstand der Einzelzellen bei einer Parallelverschaltung kann der Gesamtwiderstand des Moduls mit Gleichung Gl. 4.3 nach [124] berechnet werden.

$$R_{ges} = \frac{1}{\frac{1}{R_1} + \frac{1}{R_2} + \cdots + \frac{1}{R_n}} \qquad \text{Gl. 4.3}$$

Der für das Modul berechnete Wert des ohmschen Widerstands aus den parallel verschalteten Zellen kann mit dem vom Zelltester berechneten ohmschen Widerstand für das Modul verglichen werden.

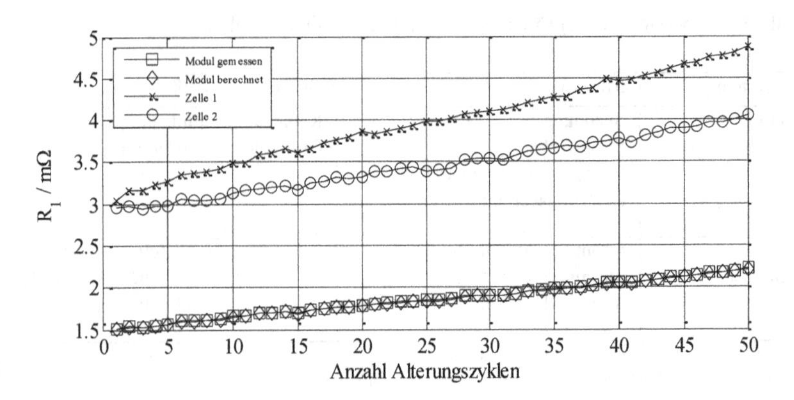

Abbildung 4.6: Widerstand R_I für parallele Einzelzellen und das Modul

Abbildung 4.6 zeigt beispielhaft die Widerstände über der Anzahl der Alterungszyklen für zwei parallel verschaltete Zellen und das Gesamtmodul. Der Widerstand des Moduls wird zum einen über den Spannungsabfall und die Größe des Stroms, zum anderen über die parallel verschalteten Zellen nach Gleichung Gl. 4.3 berechnet. Es ist eine gute Übereinstimmung der ermittelten Werte für das Modul zu erkennen. Der maximale Fehler des berechneten Widerstands beträgt in diesem Fall 2,15 %. Der mittlere Fehler ergibt sich zu 0,517 %. Des Weiteren ist das Auseinanderdriften der beiden parallel verschalteten Zellen mit zunehmender Anzahl an Alterungszyklen zu erkennen. Nach 50 Alterungszyklen ist ein Unterschied von 0,9 mΩ zu erkennen. Dies deutet auf ein unterschiedliches Alterungsverhalten der beiden Zellen hin.

In den folgenden Unterkapiteln werden die Ergebnisse der Untersuchungen am Batterieprüfstand vorgestellt. Den Schwerpunkt der Auswertung bilden die Verläufe der Kapazität und des ohmschen Widerstands. Zunächst werden die Ergebnisse der Einzelzellen dargestellt. Daran schließen sich die Untersuchungen an parallel verschalteten Zellen an.

4.3.1 Ergebnisse Einzelzelluntersuchungen

Bei den drei Messreihen mit Einzelzellen ist der unterschiedliche Verlauf der Kapazität und des ohmschen Widerstands zu erkennen. Dabei nimmt bei allen Messungen die verfügbare Kapazität mit zunehmender Anzahl an Testdurchläufen ab, während der ohmsche Widerstand ansteigt.

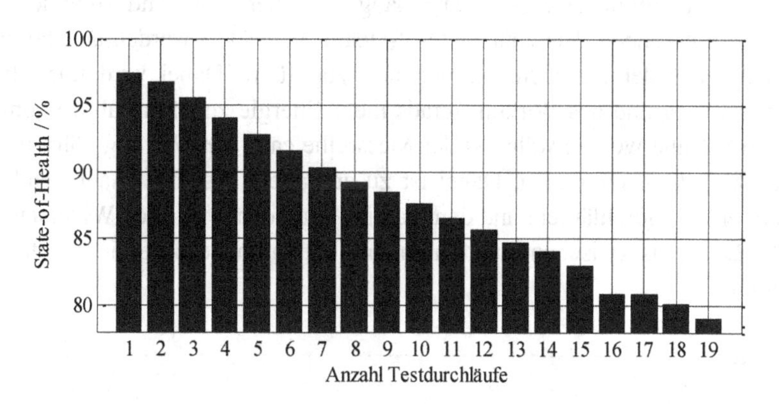

Abbildung 4.7: State-of-Health-Verlauf einer Einzelzelle bei 23 °C

Der SoH-Verlauf bei einer Umgebungstemperatur von 23 °C in Abbildung 4.7 zeigt, dass nach 19 Testdurchläufen ein SoH von 80 % unterschritten wird. Die Entwicklung des ohmschen Widerstands R_1 über der Anzahl der Alterungszyklen (fünf Alterungszyklen je Testdurchlauf) ist in Abbildung 4.8 dargestellt. Der Widerstand erhöht sich im Verlauf der Messreihe nach insgesamt 95 Alterungszyklen um 100 %.

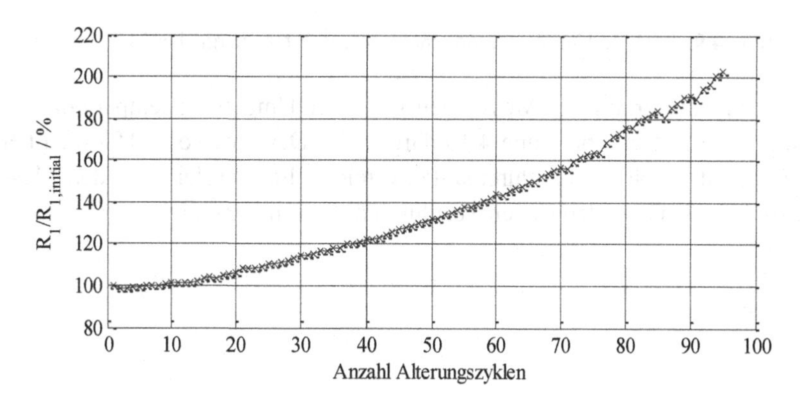

Abbildung 4.8: Verlauf des ohmschen Widerstands R_1 bei 23 °C

Die bis zu einem SoH von 80 % gesamte Energiebilanz, welche sich aus zugeführter und entnommener Energie ergibt, ist in Abbildung 4.9 dargestellt. Es ist ein linearer Zusammenhang zwischen SoH und summierter Energie zu erkennen. Bis zum State-of-Health von 80 % werden annähernd 4 000 Wh aus der Zelle entnommen und zugeführt. Dabei wird über die Testdauer aufgrund des Wirkungsgrads mehr Energie zugeführt als entnommen. In Summe werden während der Messreihe ca. 2 000 Wh zugeführt und etwa 1 800 Wh entnommen. Dabei ist zu erkennen, dass mit zunehmender Anzahl an Testdurchläufen, und dem damit steigenden ohmschen Widerstand R_1, die Differenz zwischen zugeführter und entnommener Energie ebenfalls zunimmt.

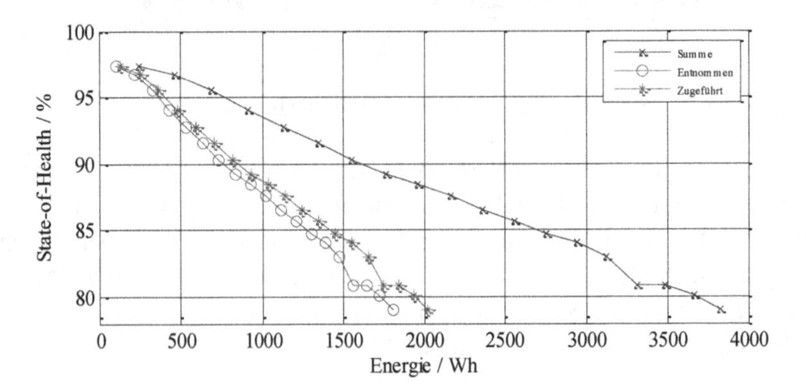

Abbildung 4.9: SoH-Verlauf über entnommener/zugeführter Energie bei 23 °C

Der Kapazitätsverlauf der Messungen bei einer Umgebungstemperatur von 23 und 40 °C ist in Abbildung 4.10 dargestellt. Der SoH von 80 % wird bei 40 °C bereits nach 12 Testdurchläufen erreicht. Im Vergleich zu den Messungen bei 23 °C werden sieben Testdurchläufe weniger erzielt.

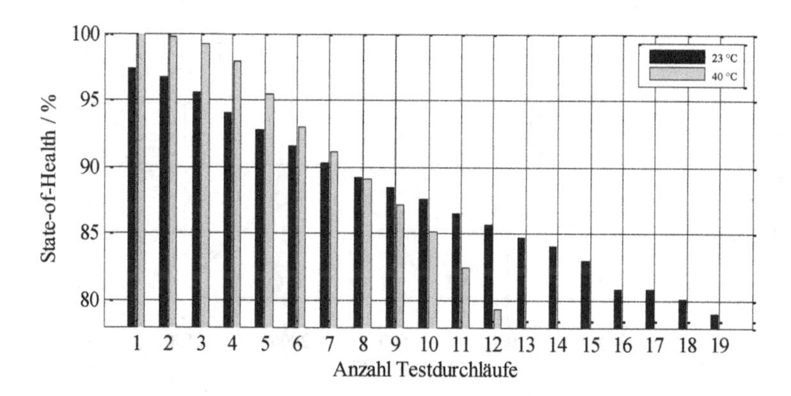

Abbildung 4.10: State-of-Health-Verlauf einer Einzelzelle bei 23 und 40 °C

Der Verlauf des ohmschen Widerstands ist um 80 % gestiegen, bei Erreichen eines SoH von 80 % (Abbildung 4.11). Bei der vorherigen Messreihe mit einer Umgebungstemperatur von 23 °C betrug der Anstieg 100 %.

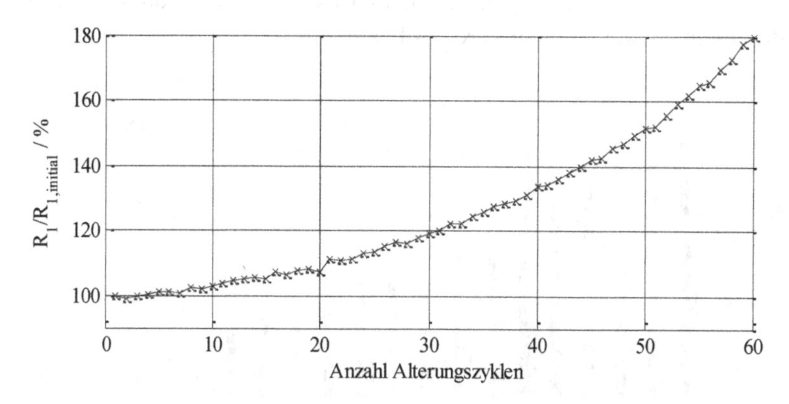

Abbildung 4.11: Verlauf des ohmschen Widerstands R_1 bei 40 °C

Abbildung 4.12 spiegelt die mit zwölf geringere Anzahl an Testdurchläufen im Vergleich zu der Messung bei 23 °C deutlich wider. Über die gesamte untersuchte Lebensdauer weist die Zelle einen Energiedurchfluss von circa 2 580 Wh auf. Dabei fallen 1 248 Wh auf die Entnahme aus der Zelle. Dies sind 30 % weniger Energie als bei einer Umgebungstemperatur von 23 °C.

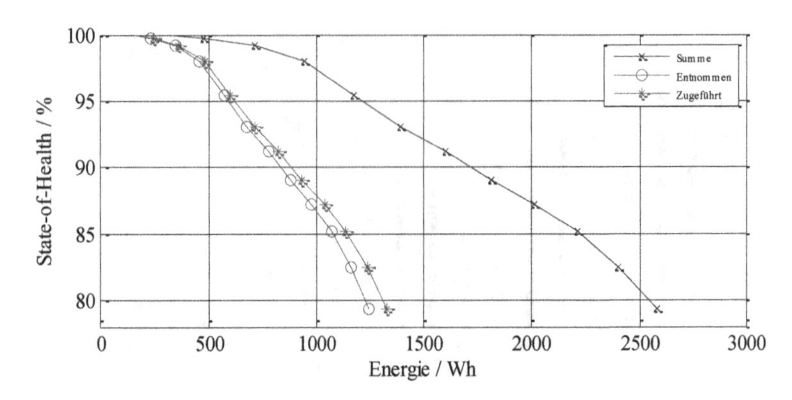

Abbildung 4.12: SoH-Verlauf über entnommener/zugeführter Energie bei 40 °C

Bei der Messreihe mit einer Umgebungstemperatur von 0 °C wird ein SoH von 80 % nach 13 Testdurchläufen, wie in Abbildung 4.13 zu erkennen, erreicht. Im Vergleich zu den Messreihen bei einer höheren Umgebungstemperatur weisen die Messungen temperaturbedingt bereits ab dem ersten Testdurchlauf einen viel niedrigeren SoH auf.

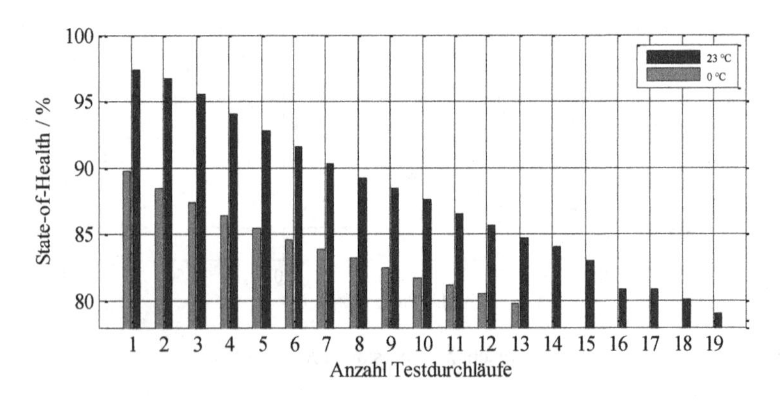

Abbildung 4.13: State-of-Health-Verlauf einer Einzelzelle bei 0 und 23 °C

Bei dem in Abbildung 4.14 dargestellten Verlauf des ohmschen Widerstands ist im Vergleich zu den beiden Messreihen bei einer höheren Umgebungstemperatur zu erkennen, dass der Widerstand zunächst mit einer größeren

Steigung zunimmt. Nach ca. 10 Alterungszyklen ist ein linearer Verlauf erkennbar. Des Weiteren zeigen die Ergebnisse, dass jeweils der erste Alterungszyklus eines Testdurchlaufs einen geringeren ohmschen Widerstand als der fünfte Alterungszyklus des vorherigen Testdurchlaufs aufweist. Diese Beobachtung ist auf den dazwischenliegenden Kapazitätszyklus zurückzuführen. Dabei wird die Zelle mit einer geringeren Stromstärke vollständig geladen, bevor der nächste Testdurchlauf erneut mit einem Ladevorgang beginnt (Tabelle 4.1, Schritt 1). Dieses Vorgehen gibt der Zelle mehr Zeit für die inneren elektrochemischen Prozesse und für das Erreichen der Ruhespannung.

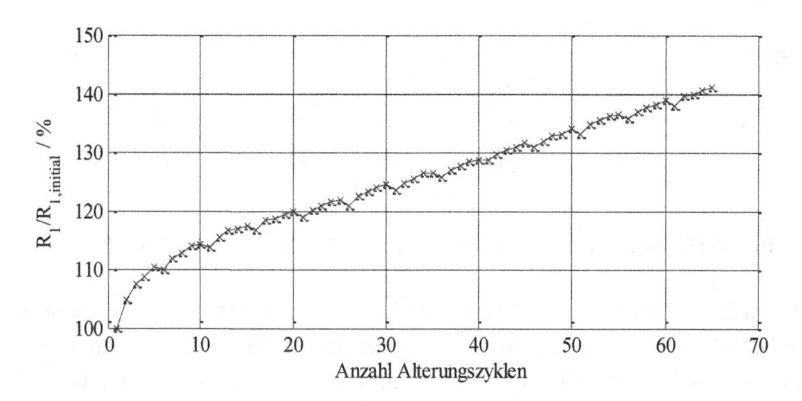

Abbildung 4.14: Verlauf des ohmschen Widerstands R_I bei 0 °C

Bei dieser Messreihe werden über die 13 durchlaufenen Testzyklen in Summe 1 148 Wh aus der Zelle entnommen (Abbildung 4.15). Wie bei den beiden vorherigen Messungen nimmt die Differenz zwischen zugeführter und entnommener Energie mit der Anzahl von Alterungszyklen zu. Im Vergleich zu der Messreihe bei 40 °C wird ein Testdurchlauf mehr bis zum SoH von 80 % durchlaufen, aber weniger Energie (100 Wh) aus der Zelle entnommen. Der Gesamtumsatz ist bei beiden Messreihen auf einem ähnlichen Niveau. Die summierten Differenzen zwischen zugeführter und entnommener Energie bis zu einem SoH von 80 % betragen bei den drei Messreihen 152 Wh, 220 Wh und 84 Wh für die verschiedenen Temperaturen (0 °C, 23 °C und 40 °C) und stellen die Verluste dar.

Zusammengefasst wird deutlich, dass mit abnehmender Temperatur und zunehmender Alterung die Widerstände ansteigen. Vorherige Messungen am Institut und die Literatur zeigen einen nahezu konstanten Verlauf des ohmschen Widerstands über dem SoC und damit einen geringen Einfluss des Ladezustands auf den Widerstand [89,93,125].

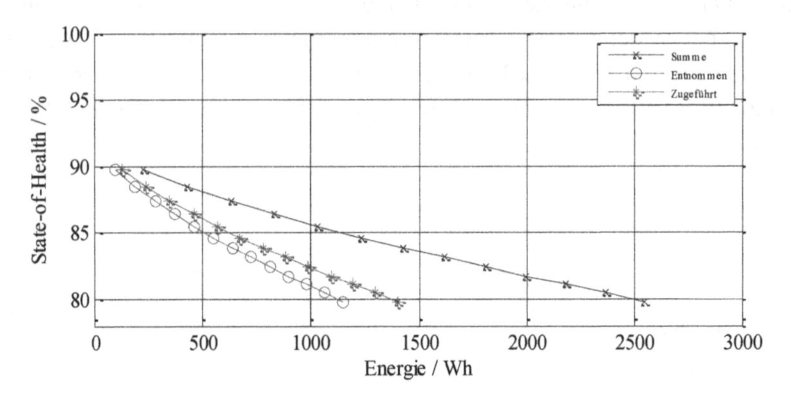

Abbildung 4.15: SoH-Verlauf über entnommener/zugeführter Energie bei 0 °C

In Abbildung 4.16 ist der während des Kapazitätszyklus ermittelte ohmsche Widerstand über der verfügbaren Kapazität für die Einzelzellmessungen bei den drei verschiedenen Temperaturen dargestellt. So ist der Widerstand für eine Zelle mit einem SoH von 80 % bei 40 °C niedriger als eine neue Zelle bei einer Temperatur von 0 °C. Die Abhängigkeit des Widerstands von der Temperatur ist auf die abnehmende Geschwindigkeit der chemischen Prozesse bei Kälte zurückzuführen. Darüber hinaus steigt die Viskosität des Elektrolyten mit abnehmender Temperatur. [126] Für jede der dargestellten Messreihen kann eine Kennlinie ermittelt werden, die als Referenz für andere Zellen desselben Typs in Abhängigkeit von der Temperatur herangezogen werden kann.

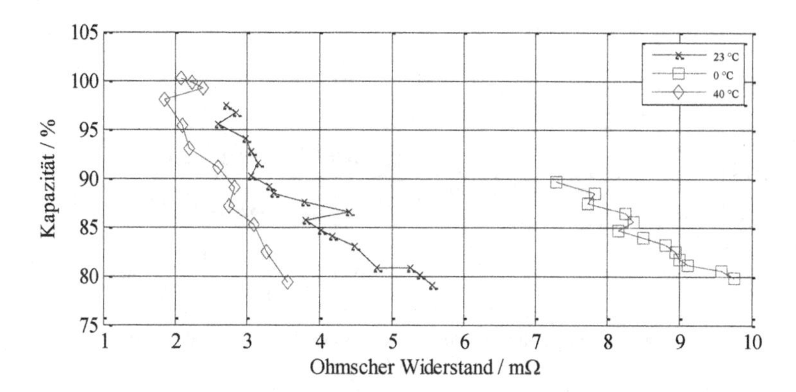

Abbildung 4.16: Kapazität über Widerstand bei einer Einzelzelle

4.3.2 Ergebnisse von zwei parallel verschalteten Zellen

Bei den Messreihen mit zwei parallelen Zellen ist neben dem Verlauf der Kapazität das Verhalten der beiden ohmschen Widerstände von zentraler Bedeutung. Die verfügbare Kapazität nimmt erwartungsgemäß mit zunehmender Anzahl an Testdurchläufen ab. Der aufgeprägte Strom verteilt sich nicht, wie zu erwarten, auf beide Zellen gleichmäßig, sondern verändert sich im Verlauf eines Entladeimpulses und mit zunehmender Anzahl an Testdurchläufen. Diese ungleiche Aufteilung des Stroms tritt bei allen Messreihen mit parallel verschalteten Zellen auf. Abbildung 4.17 zeigt beispielhaft den Stromverlauf von zwei parallel verschalteten Zellen während einer Entladung mit einer C-Rate von 4 C. Zunächst steuert Zelle 2 den größeren Anteil des Gesamtstroms bei. Nach etwa 250 s liefert die parallel verschaltete Zelle 1 etwas mehr Strom, sodass beide Zellen nahezu den gleichen Strom liefern. Anschließend liefert wieder Zelle 2 den größeren Anteil bis im letzten Abschnitt Zelle 1 deutlich mehr Strom liefern muss, da davon auszugehen ist, dass die gesamte Energie in Zelle 2 aufgebraucht ist. Über die gesamte Entladung liefert jedoch Zelle 2 den größeren Anteil an der umgesetzten Energie.

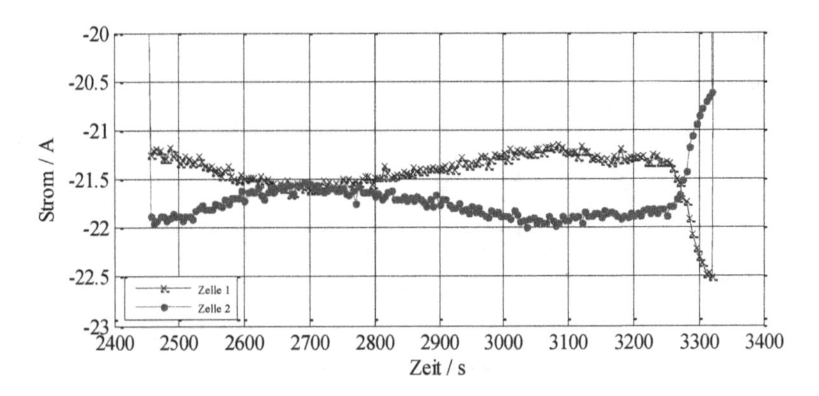

Abbildung 4.17: Stromverlauf von parallel verschalteten Zellen

Beginnend mit den Ergebnissen der Referenzmessungen folgen die Messungen mit einem Zellaustausch nach sechs Testdurchläufen (Typ 1) und anschließend die Ergebnisse der Austauschmessungen Typ 2 (Austausch nach elf Testdurchläufen). Der Ablauf der Austauschmessungen ist in Abbildung 4.4 und Tabelle 4.3 zusammengefasst. Zunächst werden die Ergebnisse der Referenzmessungen dargestellt. Der gemessene SoH während des abschließenden Kapazitätszyklus eines Testdurchlaufs über der Anzahl der Testdurchläufe ist in Abbildung 4.18 dargestellt.

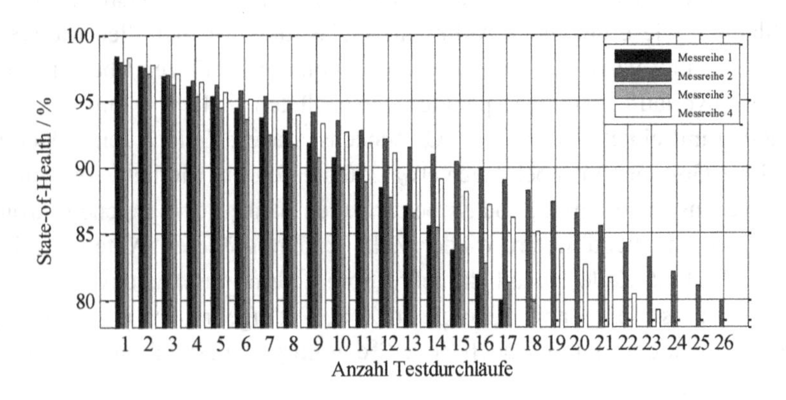

Abbildung 4.18: SoH über Anzahl der Testdurchläufe für die Referenzmessungen

Es ist zu erkennen, dass bei den vier durchgeführten Referenzmessungen ein SoH von 80 % nach 17, 26, 18 und 23 Testdurchläufen erreicht wird. Dies entspricht einem Mittelwert von 21 Testdurchläufen und einer Standardabweichung von 4,2426. Die unterschiedliche Anzahl an Durchläufen bei identischen Rahmenbedingungen weist auf den Einfluss der Zellproduktion und des -transports hin. Trotz größtmöglicher Qualitäts- und Sicherheitsstandards bei der Produktion und Lieferung sind die Zellen nicht 100 % identisch. Dies bedeutet, dass bereits sehr geringe Abweichungen Auswirkungen haben können. So liegt der SoH bei den vier Messreihen zu Beginn der Messreihe zwischen 97,7 und 98,4 %. Die Messungen zeigen, dass ein hoher SoH zu Beginn der Messungen (Messreihe 1) nicht zwangsläufig zu einer höheren Anzahl an Zyklen führt, bis ein SoH von 80 % erreicht wird.

Bei der Betrachtung des ohmschen Widerstands bei den Referenzmessungen ist die bereits erwähnte ungleiche Aufteilung des Stroms beim Entladevorgang zu erkennen. Abbildung 4.19 zeigt den Verlauf des ohmschen Widerstands für die beiden parallel verschalteten Einzelzellen. Mit zunehmender Anzahl an Alterungszyklen ist ein Auseinanderdriften der steigenden Widerstände zu erkennen. Am Ende der Testdurchläufe beträgt der Unterschied der ohmschen Widerstände der beiden Einzelzellen bis zu 30 %. Bei der ersten Messreihe liegt der Widerstand der ersten Zelle über dem der zweiten Zelle bei Erreichen eines SoH von 80 %. Bei den weiteren drei Messreihen liegt der Widerstand der zweiten Zelle über dem der ersten Zelle.

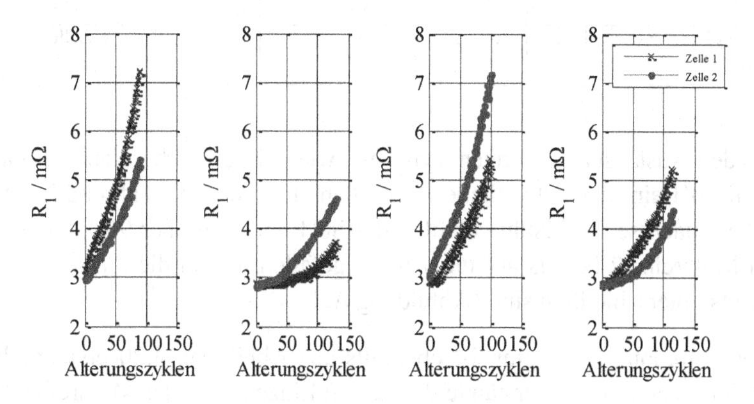

Abbildung 4.19: Widerstand R_I der Einzelzellen der Referenzmessungen

Die dargestellten Verläufe der Widerstände bei den Referenzmessungen geben die Ergebnisse der Alterungsmessungen wider. So steigen bei der ersten und dritten Messreihe die Widerstände mit einer größeren Steigung an. Der SoH von 80 % wird dadurch schneller erreicht. Es werden lediglich 17 bzw. 18 Testdurchläufe durchlaufen. Dann folgt die Messreihe 4 mit einer mittleren Steigung der Widerstände. Die kleinste Steigung der Widerstände weist Messreihe 2 auf. Bei dieser Messreihe wird mit 26 die höchste Anzahl an Testdurchläufen erreicht. Der Zusammenhang der abnehmenden Kapazität mit einem zunehmenden ohmschen Gesamtwiderstand ist im Anhang in Abbildung A.1 aufgeführt.

Die Ergebnisse zeigen, dass der Ladungsdurchfluss bei den vier Referenzmessungen zwischen 1 800 und 2 800 Ah liegt (Details in Abbildung A.2). Die anteilige Verteilung auf die Zellen lässt keine Rückschlüsse auf die Entwicklung des ohmschen Widerstands zu (Tabelle 4.6). In Messreihe 3 und 4 entsprechen die höheren ohmschen Widerstände den Zellen mit dem höheren Ladungsdurchfluss. In den beiden anderen Messreihen ist dies nicht der Fall.

Tabelle 4.6: Übersicht Widerstand und Ladungsdurchfluss der Referenzmessungen

Parameter	Referenz	Referenz 2	Referenz 3	Referenz 4
R_I Zunahme Zelle 1	137 %	28 %	75 %	82 %
R_I Zunahme Zelle 2	83 %	63 %	138 %	52 %
R_I höher	Zelle 1	Zelle 2	Zelle 2	Zelle 1
Anteil Ladungsdurchfluss größer	Zelle 2	Zelle 1	Zelle 2	Zelle 1

Bei den Austauschmessungen Typ 1 ist, wie bei den vorherigen Messungen, beim SoH ein unterschiedliches Verhalten zu erkennen. Während bei Messreihe 1 nach sechs Testdurchläufen der SoH noch bei über 96 % liegt, ist er bei Messreihe 2 bereits auf unter 95 % gefallen, wobei die Ausgangspunkte bereits unterschiedlich sind (Abbildung A.4).

Diese Streuung zu Beginn ist ebenfalls aus Abbildung 4.20 ersichtlich. Zu Beginn liegen die Widerstände der beiden Einzelzellen der Messreihe 2 über denen der Messreihe 1. Mit zunehmender Anzahl an Alterungszyklen steigen die Widerstände an. Bei Messreihe 1 gehen die ohmschen Widerstände auseinander, während bei Messreihe 2 die Widerstände mit zunehmender Anzahl an Zyklen sich annähern.

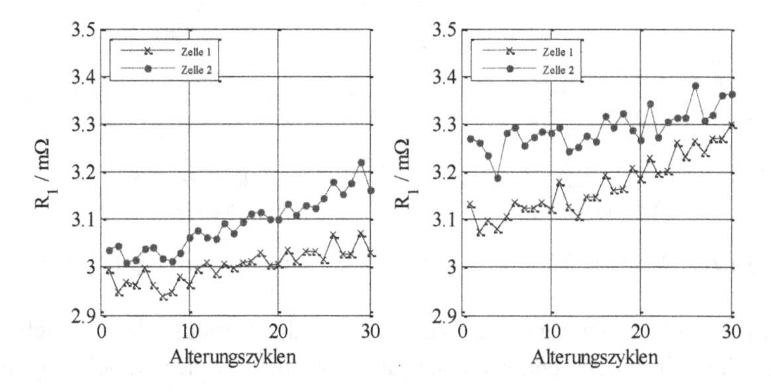

Abbildung 4.20: Widerstand R_1 der Einzelzellen vor dem Austausch Typ 1

Nach sechs Testdurchläufen wird die Zelle mit dem höheren ohmschen Widerstand gegen eine neue Zelle ausgetauscht. In beiden Fällen handelt es sich dabei um die Zelle 2. In Abbildung 4.21 ist der SoH über der Anzahl der Testdurchläufe nach dem Zellaustausch abgebildet. Es ist zu erkennen, dass 19 bzw. 17 Testdurchläufe nach dem Zellaustausch durchlaufen werden können, bevor ein SoH von 80 % erreicht wird.

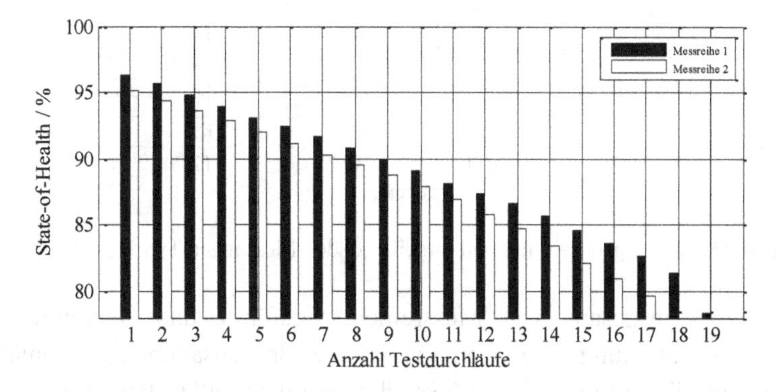

Abbildung 4.21: SoH über Anzahl der Testdurchläufe nach dem Austausch Typ 1

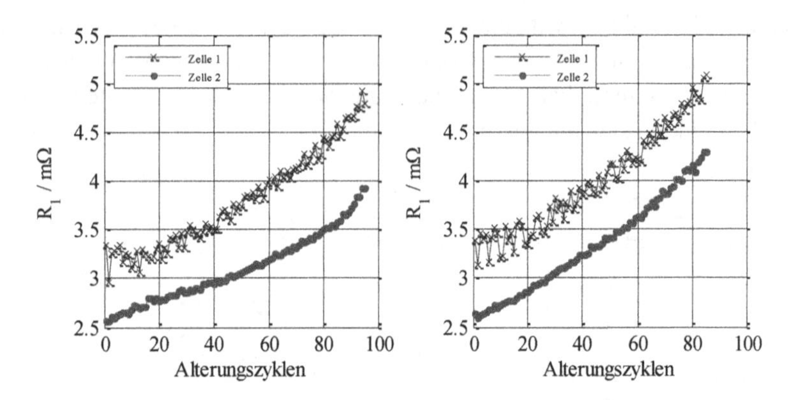

Abbildung 4.22: Widerstand R_1 der Einzelzellen nach dem Austausch Typ 1

Die Messungen in Abbildung 4.22 zeigen, dass die Verläufe des ohmschen Widerstandes mit zunehmender Anzahl an Alterungszyklen parallel steigen. Das bedeutet, dass die Zelle mit dem höheren Widerstand zu Beginn der Messungen dies auch am Ende bleibt. In den beiden dargestellten Fällen handelt es sich dabei um die nicht getauschte Zelle 1.

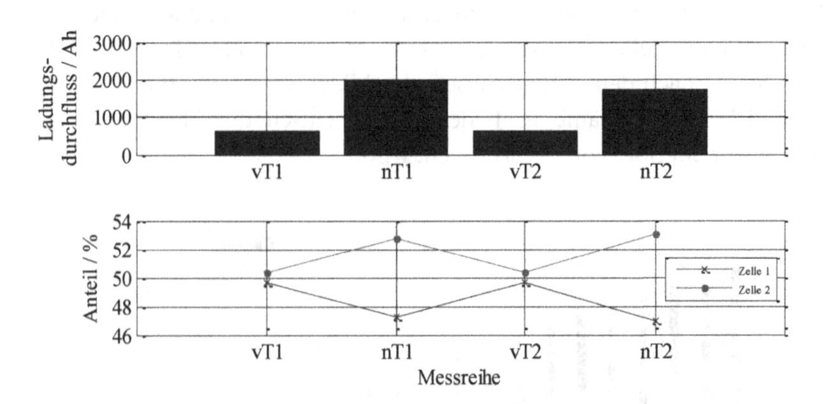

Abbildung 4.23: Ladungsdurchfluss und -anteile bei den Messungen Typ 1

Die bei diesen insgesamt vier Messreihen zugeführte und entnommene Ladung ist in Abbildung 4.23 oben für beide Zellen zusammen und unten anteilig dargestellt. Für die beiden Messreihen vor dem Zellaustausch werden nahezu identische Werte (ca. 600 Ah) für den Ladungsdurchfluss gemessen. Nach dem Zellaustausch werden noch 2 000 bzw. 1 750 Ah umgesetzt, bis ein SoH von 80 % erreicht wird. Wie bei den vorherigen Referenzmessungen zeigt Tabelle 4.7 keinen eindeutigen Zusammenhang zwischen Zunahme und der Höhe des Widerstands für die Austauschmessungen Typ 1. Aus den Messungen kann lediglich geschlossen werden, dass nach dem Zellaustausch die nicht ausgetauschte Zelle einen höheren Widerstand hat und die neue Zelle einen größeren Anteil des Ladungsdurchflusses trägt.

Tabelle 4.7: Übersicht Widerstand und Ladungsdurchfluss der Messungen Typ 1

Parameter	v. Tausch 1	v. Tausch 2	n. Tausch 1	n. Tausch 2
R_I Zunahme Zelle 1	1 %	5 %	43 %	45 %
R_I Zunahme Zelle 2	4 %	3 %	53 %	63 %
R_I höher	Zelle 2	Zelle 2	Zelle 1	Zelle 1
Anteil Ladungsdurchfluss größer	Zelle 2	Zelle 2	Zelle 2	Zelle 2

Bei den Austauschmessungen Typ 2 wird nach dem elften Testdurchlauf die schlechtere Zelle durch eine neue Zelle ersetzt. Die Ergebnisse zeigen ein ähnliches Verhalten wie bei den Austauschmessungen Typ 1. Nach elf Testdurchläufen wird bei den vier Messreihen ein SoH zwischen 89,9 und 94 % erreicht (Abbildung 4.24). Dabei ist zu beachten, dass der SoH zu Beginn der Messreihen zwischen 97,6 und 98,7 % liegt. Ein höherer SoH zu Beginn führt nicht automatisch zu einem höheren SoH nach elf Testdurchläufen, wie an Messreihe 4 und bei den vorherigen Referenzmessungen zu erkennen ist.

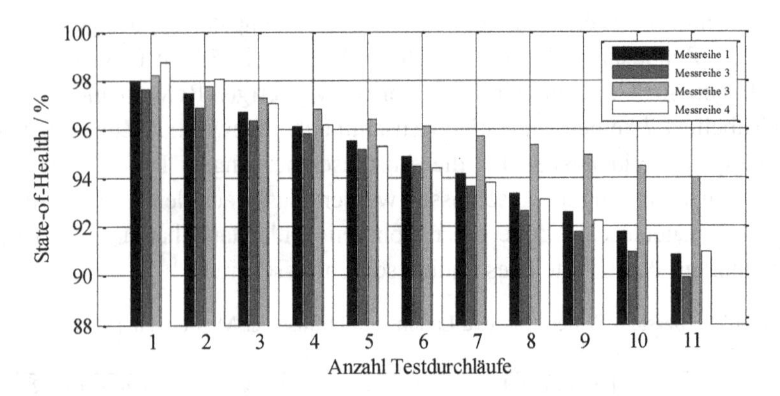

Abbildung 4.24: SoH über Anzahl der Testdurchläufe vor dem Austausch Typ 2

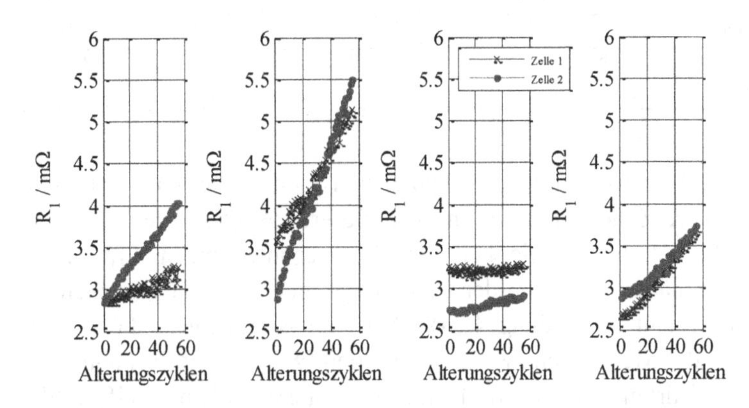

Abbildung 4.25: Widerstand R_I der Einzelzellen vor dem Austausch Typ 2

Darüber hinaus ist, im Vergleich zu den vorangegangenen Messungen, beim Verlauf des ohmschen Widerstands ein anderes Verhalten zu erkennen (Abbildung 4.25). Bei den vier Messreihen sind verschiedene Verläufe erkennbar. Während bei Messreihe 1 der Widerstand zu Beginn identisch ist, geht er mit zunehmender Anzahl an Zyklen auseinander. Bei Messreihe 2 wechselt die Zelle mit dem höheren Widerstand im Verlauf der Messungen. Die Zelle mit dem niedrigeren Widerstand zu Beginn steigt stärker an und überholt die parallel verschaltete Zelle. Bei den Messreihen 3 und 4 ist der Widerstand zu Beginn verschieden. Bei Messreihe 3 bleibt dies im Verlauf so, während bei Messreihe 4 am Ende der Messungen beide Widerstände auf demselben Niveau liegen. Der Widerstand der besseren Zelle zu Beginn steigt schneller an und holt die schlechtere Zelle ein.

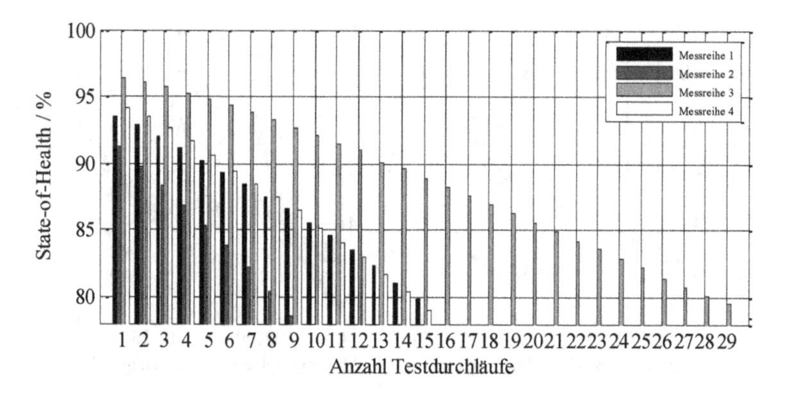

Abbildung 4.26: SoH über Anzahl der Testdurchläufe nach dem Austausch Typ 2

Nach dem Austausch der schlechteren Zelle nach elf Testdurchläufen liegt der SoH zwischen 91,2 und 96,4 % (Abbildung 4.26). Dabei ist die Reihenfolge der vier Messreihen identisch mit der vor dem Zellaustausch. Das bedeutet, dass die Messreihe 3 den höchsten und Messreihe 2 den niedrigsten SoH aufweist. Der weitere SoH-Verlauf zeigt, dass nach dem Austausch zwischen 9 und 29 Testzyklen durchlaufen werden können, bevor ein SoH von 80 % erreicht wird. Messreihe 2 mit dem niedrigsten Ausgangs-SoH erreicht die geringste Anzahl an Zyklen, während die Messreihe 4 mit dem höchsten SoH nach dem Austausch die größte Anzahl an Testdurchläufen mit 29 erreicht. Bei den Messreihen 1 und 4 wird nach jeweils 15 Durchläufen ein SoH von 80 % erreicht. Der Ausgangs-SoH der beiden Messreihen liegt auf einem ähnlichen Niveau.

Bei der Betrachtung der ohmschen Widerstände zeigen sich verschiedene Verhalten hinsichtlich des Verlaufs über der Anzahl der Alterungszyklen. Bei den Messreihen 1, 2 und 4 zeigen die Widerstände beim Anstieg ein paralleles Verhalten. Dabei steigen bei allen Messreihen die Widerstände bei der älteren Zelle stärker an als bei der neueren Zelle. Lediglich in Messreihe 3 weist der Widerstand der neueren Zelle eine größere Steigung auf und überholt sogar den Widerstand der älteren Zelle. Dieser Fall tritt nur in dieser Messreihe auf. Die Verläufe der Widerstände sind in Abbildung 4.27 abgebildet.

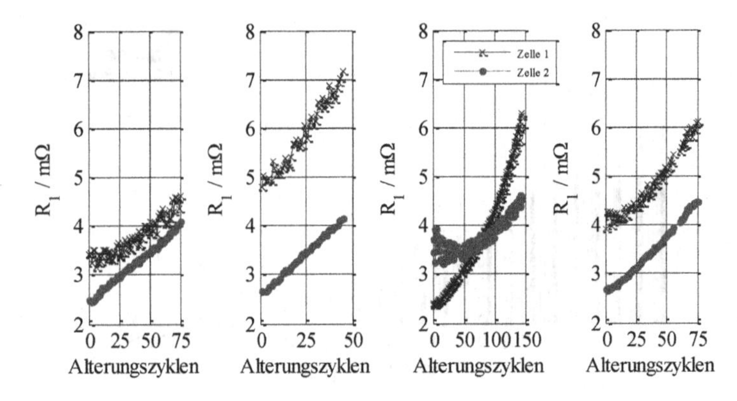

Abbildung 4.27: Widerstand R_1 der Einzelzellen nach dem Austausch Typ 2

Bei der Betrachtung des Ladungsdurchflusses und der Anteile in Abbildung 4.28 zeigt sich, dass vor dem Zellaustausch nach dem elften Testdurchlauf bei allen vier Messreihen etwa 1 200 Ah umgesetzt werden. Dabei setzen die beiden Zellen nahezu die identische Menge um. Nach dem Austausch der schlechteren Zelle liefert bis zum Erreichen von 80 % SoH die neuere Zelle bei allen vier Messreihen den größeren Anteil der umgesetzten Ladungsmenge. Der Anteil liegt dabei zwischen 50,7 und 55,3 %. Die gesamte umgesetzte Ladungsmenge bewegt sich zwischen 850 und 3 100 Ah.

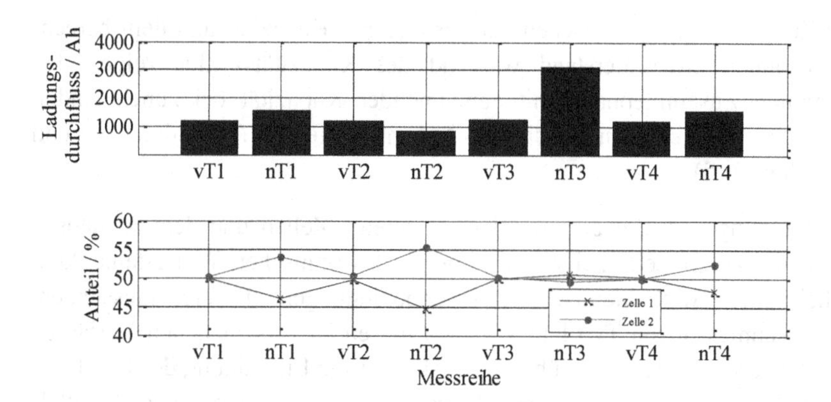

Abbildung 4.28: Ladungsdurchfluss und -anteile bei den Messungen Typ 2

In Tabelle 4.8 sind für die vier Messreihen von Typ 2 die prozentuale Zunahme der Widerstände, die Zellnummer mit dem höheren Widerstand am Ende der Messreihe und die Zelle mit dem höheren Anteil am Ladungsdurchfluss zusammengefasst. Es wird ersichtlich, dass die nicht ersetzte Zelle nach dem Zellaustausch, außer bei Messreihe 3, am Ende den höheren Widerstand aufweist. Bei allen vier Messreihen weist die neue Zelle den höheren Anteil am gesamten Ladungsdurchfluss auf.

Tabelle 4.8: Übersicht Widerstand und Ladungsdurchfluss der Messungen Typ 2

Parameter	**v. Tausch 1**	**v. Tausch 2**	**v. Tausch 3**	**v. Tausch 4**
R_i Zunahme Zelle 1	14 %	44 %	163 %	56 %
R_i Zunahme Zelle 2	42 %	91 %	25 %	67 %
R_i höher	Zelle 2	Zelle 2	Zelle 1	Zelle 1
Anteil Ladungsdurchfluss größer	Zelle 2	Zelle 2	Zelle 1	Zelle 2
Parameter	**n. Tausch 1**	**n. Tausch 2**	**n. Tausch 3**	**n. Tausch 4**
R_i Zunahme Zelle 1	36 %	50 %	163 %	56 %
R_i Zunahme Zelle 2	66 %	56 %	25 %	67 %
R_i höher	Zelle 1	Zelle 1	Zelle 1	Zelle 1
Anteil Ladungsdurchfluss größer	Zelle 2	Zelle 2	Zelle 1	Zelle 2

Die Zusammenhänge zwischen der verfügbaren Kapazität und dem berechneten ohmschen Widerstand während des Kapazitätszyklus zeigen den bekannten Zusammenhang mit abnehmender Kapazität bei zunehmenden ohmschen Widerständen und sind im Anhang aufgeführt (Abbildung A.4 und Abbildung A.5).

Die Messungen mit zwei parallel verschalteten Zellen und dem Austausch der schlechteren Zelle zeigen hinsichtlich des ohmschen Widerstands kein einheitliches Bild. Identische Rahmenbedingungen (Referenzmessungen, Austauschmessungen Typ 1 und Typ 2) führen zu verschiedenen Verläufen des ohmschen Widerstands über den Zyklen. Eine Einordnung der Ergebnisse mit Vergleich zu den anderen Messreihen (Einzelzellmessung, Parallelverschaltung von drei Zellen) folgt in Abschnitt 4.4.

4.3.3 Ergebnisse von drei parallel verschalteten Zellen

Bei den Messungen mit drei parallel verschalteten Zellen werden drei verschiedene Messreihen mit jeweils verschiedenen unteren Grenzspannungen während der Alterungszyklen bei identischem Kapazitätszyklus durchgeführt. Die verfügbare Kapazität, und somit der SoH, nimmt mit zunehmender Anzahl an Testdurchläufen ab. In der folgenden Abbildung 4.29 wird der während des Kapazitätszyklus gemessene abnehmende SoH bei verschiedenen unteren Grenzspannungen dargestellt.

Dabei wird der SoH von 80 % bei einer Entladung bis zur unteren vom Batteriehersteller spezifizierten Grenzspannung von U_{min} = 2,8 V mit der geringsten Anzahl an Testdurchläufen erreicht. Bereits nach 21 Testzyklen ist der Zielwert erreicht (Abbildung 4.29 oben). Im Vergleich dazu werden bei zwei parallel verschalteten Zellen bei identischer Umgebungstemperatur im Durchschnitt ebenfalls 21 Testdurchläufe (17, 26, 18 und 23 Testdurchläufe, siehe Kapitel 4.3.2) und bei der Einzelzelle 19 Testdurchläufe erreicht. Bei den weiteren Messungen mit einer unteren Grenzspannung von U_{min} = 3,2 V bzw. U_{min} = 3,8 V enden die Messungen erst nach 32 bzw. 111 Testdurchläufen (Abbildung 4.29 mittig und unten) mit Erreichen des SoH von 80 % während des Kapazitätszyklus.

Einhergehend mit dem Abfall der Kapazität steigen die ohmschen Widerstände der drei parallel verschalteten Einzelzellen an. In Abbildung 4.30 sind diese über der Anzahl der Alterungszyklen für die drei Messungen dargestellt. Es ist zu erkennen, dass wie bei den Messungen mit zwei parallel verschalteten Zellen die Widerstände der Einzelzellen unterschiedlich ansteigen. Zu Beginn der Testdurchläufe liegen die Widerstände aller Zellen zwischen 2,7 und 3,1 mΩ. Mit Erreichen eines SoH von 80 % liegen die Widerstände der Einzelzellen weiter auseinander. Bei der Messung mit einer unteren Grenzspannung von U_{min} = 2,8 V liegen nach 105 Alterungszyklen die Werte für den Widerstand zwischen 4,0 und 7,5 mΩ. Bei der Messung mit einer unteren Spannung von U_{min} = 3,2 V weisen die Widerstände ähnliche Werte auf (zwischen 3,4 und 6,4 mΩ). Bei der dritten Messung ist die Spreizung der Werte am größten. Hier werden am Ende der Messungen Werte zwischen 4,4 und 12,1 mΩ gemessen. Mit Gleichung Gl. 4.3 wird der ohmsche Widerstand des gesamten Moduls berechnet. Er ergibt sich zu 5,3, 4,7 und 7,2 mΩ. Wie bei den Messungen mit zwei parallelen Zellen bleiben der höchste, zweithöchste und kleinste Widerstand zu Beginn nicht automatisch höchster, zweithöchster und kleinster Widerstand am Ende der Messungen. Bei den drei durchgeführten Messreihen findet bei der ersten und dritten Messung ein Austausch zwischen der besten und zweitbesten Zelle statt. Die schlechteste Zelle mit dem höchsten Widerstand zu Beginn bleibt auch die schlechteste Zelle am Ende der Messreihe. Bei der zweiten Messreihe bleibt die beste Zelle zu Beginn dies auch am Ende, während die schlechteste und mittlere Zelle im Verlauf der Messungen unterschiedlich ansteigen.

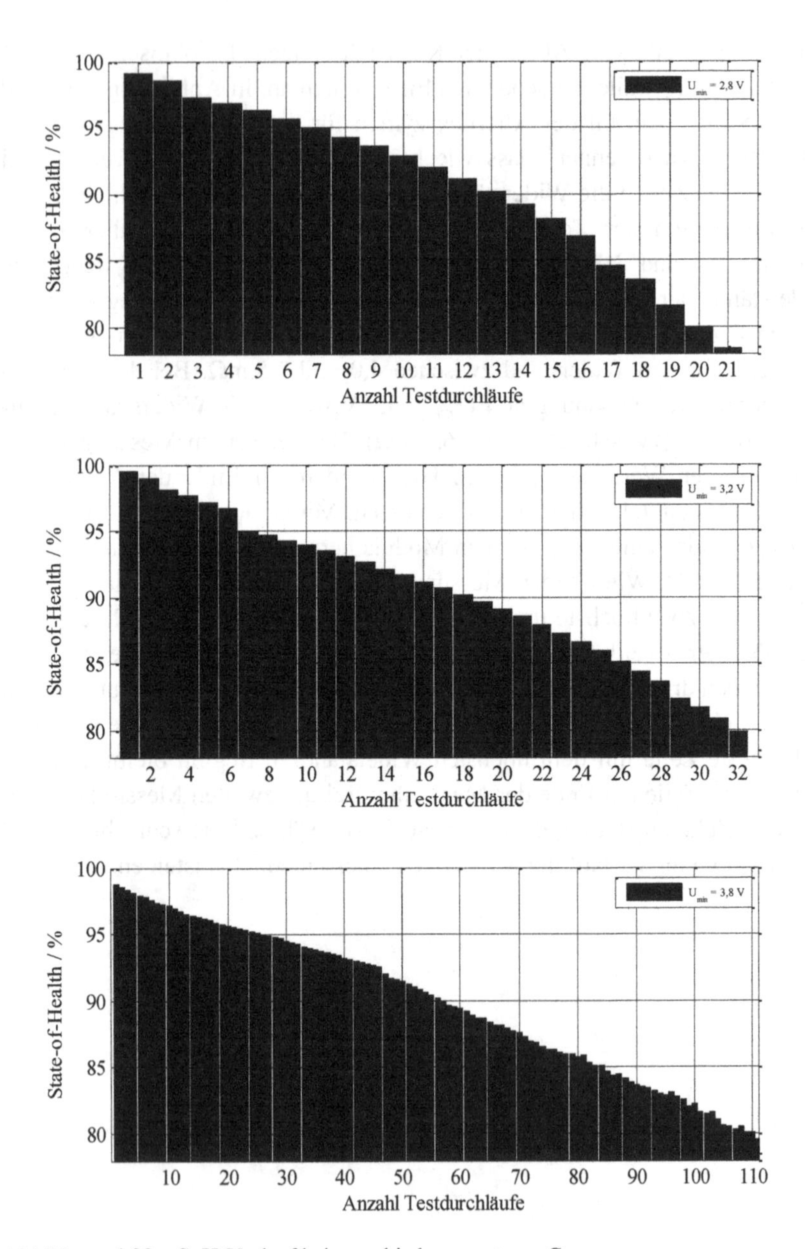

Abbildung 4.29: SoH-Verlauf bei verschiedenen unteren Grenzspannungen

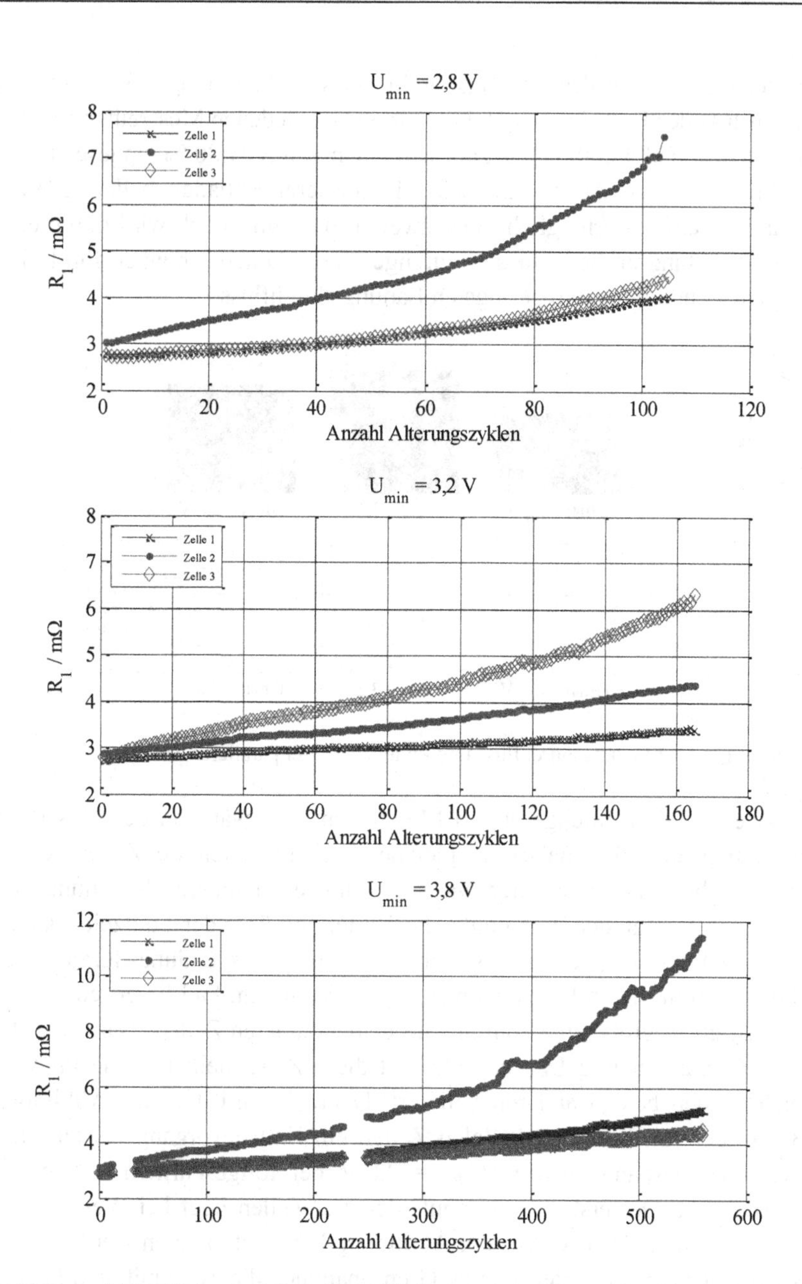

Abbildung 4.30: Widerstand R_1 bei verschiedenen unteren Grenzspannungen

Bei der Betrachtung des Ladungsdurchflusses in Abbildung 4.31 zeigt sich der Einfluss des Entladehubs. Bei den drei verschiedenen Messreihen werden 3 150, 4 730 und 4 200 Ah bis zum Erreichen von SoH 80 % umgesetzt. Die Ergebnisse weisen darauf hin, dass ein mittlerer Entladehub den größten Ladungsdurchfluss ermöglicht. Der zweitgrößte Entladehub wird durch eine kurze Entladung erreicht. In den durchgeführten Untersuchungen führt eine komplette Entladung zum geringsten Ladungsdurchfluss.

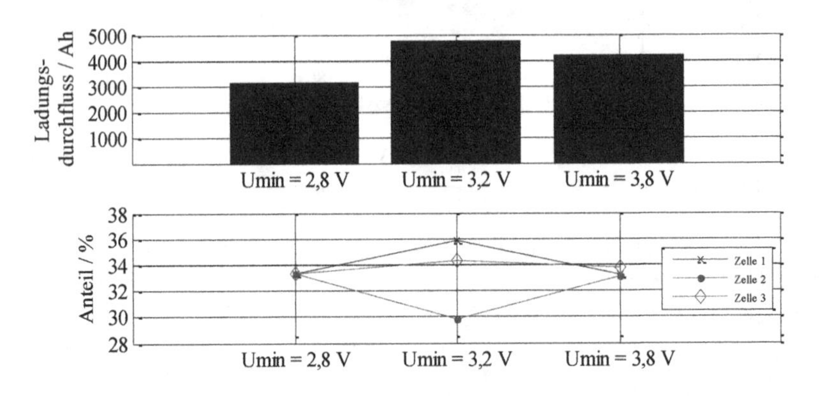

Abbildung 4.31: Ladungsdurchfluss und -anteile bei drei parallelen Zellen

Bei zwei der drei durchgeführten Messungen wird während der Messreihe der Ladungsdurchfluss nahezu zu gleichen Teilen von den drei Zellen bewältigt. Lediglich bei der zweiten Messreihe mit einer unteren Spannung von U_{min} = 3,2 V zeigt sich eine ungleiche Verteilung über der Laufzeit. Daraus lässt sich folgern, dass die ungleiche Verteilung des Ladungsdurchflusses lediglich bei mittleren Entladehüben auftritt. In diesem Fall liefert eine Zelle zunächst einen größeren Strom als die beiden anderen Zellen. Wird nun die untere Grenzspannung U_{min} erreicht, hat diese Zelle mehr Energie im Vergleich zu den beiden anderen geliefert. Deutlich wird dies aus Abbildung 4.32, in der für die drei parallelen Zellen ein Entladevorgang bis zu einer unteren Grenzspannung von U_{min} = 2,8 V bei fortgeschrittener Alterung dargestellt ist. Der erste Stromimpuls der drei Zellen liegt bei Werten zwischen -25,6 und -15.3 A. Aus der Abbildung kann entnommen werden, dass erst kurz vor Erreichen der unteren Grenzspannung die Zelle mit dem höchsten Stromanteil zu Beginn der Entladung von den beiden parallel verschalteten Zellen abgelöst wird und weniger Strom als diese beiden liefert. Der Mittelwert der Ströme der drei Zellen bleibt über die gesamte Entladung konstant.

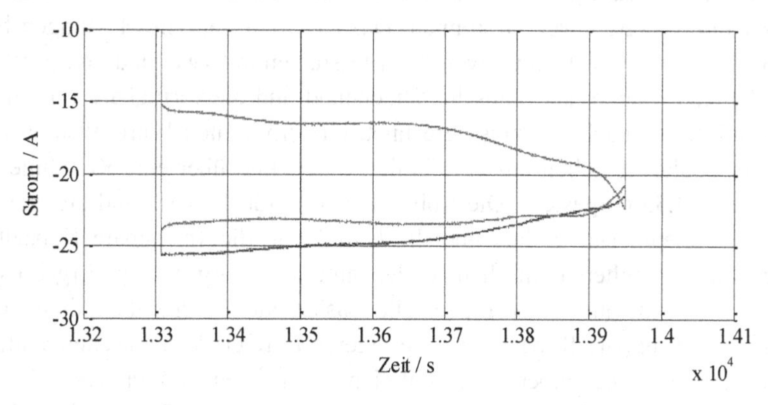

Abbildung 4.32: Stromverlauf von drei parallel verschalteten Zellen

4.4 Zusammenfassung der Messungen am Prüfstand

In diesem Kapitel werden die wichtigsten Erkenntnisse aus den Untersuchungen am Batterieprüfstand zusammengefasst.

4.4.1 Ohmscher Widerstand als Indikator

Die Methode, den ohmschen Widerstand als Indikator für den Gesundheitszustand einer Einzelzelle einzusetzen, ist ein Untersuchungsschwerpunkt in diesem Teil der Arbeit. Die Ergebnisse der Messungen zeigen, dass der ohmsche Widerstand unter Berücksichtigung der Temperatur als Indikator eingesetzt werden kann. Sowohl bei den durchgeführten Messungen mit Einzelzellen als auch mit mehreren parallel verschalteten Zellen steigt der Widerstand bei abnehmender Kapazität.

4.4.2 Bewertung von parallel verschalteten Zellen

In Fahrzeugen werden neben rein seriell verschalteten Zellen auch parallele Konfigurationen eingesetzt, wie beispielsweise im EleNa-Sprinter [127]. In dieser Arbeit wird untersucht, ob parallel verschaltete Zellen auf Basis einer Einzelzelle bewertet werden können. Dazu werden bei den Messungen bei 23 °C mit einer Einzelzelle, sowie den Messungen mit zwei und drei parallel verschalteten Zellen, der ohmsche Widerstand und die verfügbare Kapazität während des Kapazitätszyklus berechnet. Die ermittelten Werte werden bei den verschalteten Zellen auf eine Zelle skaliert und über eine Kennlinie in Abbildung 4.33 dargestellt. Die Abbildung zeigt für die zwei und drei parallel verschalteten Messreihen und die Einzelzelle die verfügbare Kapazität über den ermittelten ohmschen Widerstand. Die dargestellten Ergebnisse zeigen, dass die auf einer Einzelzelle basierende Referenzkennlinie eine geringere verfügbare Kapazität im niedrigeren Bereich des ohmschen Widerstands aufweist, gegenüber den Kennlinien, die auf den parallel verschalteten Zellen basieren. Mit zunehmender Alterung liegt die Referenzkennlinie zwischen den Kennlinien der parallelen Zellen. Es ist keine aussagekräftige Bewertung von parallel verschalteten Zellen auf Basis einer Einzelzelle möglich. Dies ist auf die ungleiche Verteilung des Stroms auf die Zellen zurückzuführen. Der ohmsche Widerstand der Einzelzellen driftet mit zunehmender Dauer auseinander.

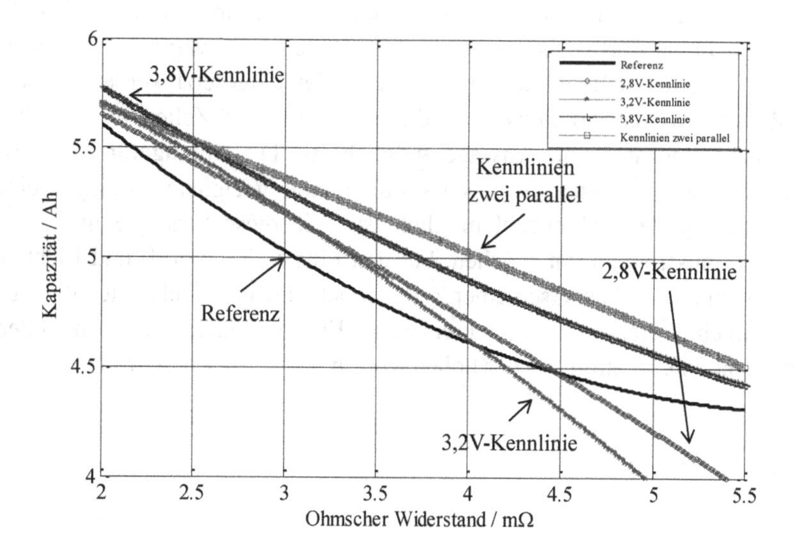

Abbildung 4.33: Kennlinien der Einzelzelle und der parallel verschalteten Zellen

Die Basis für die dargestellten Kennlinien der Einzelzelle und der parallel verschalteten Zellen sind im Anhang zu finden (Abbildung A.1 und Abbildung A.6).

4.4.3 Analyse des Einflusses eines Zellaustausches

Die Austauschmessungen an den zwei parallel verschalteten Zellen lassen keine eindeutige Aussage zu. Bei den vier Referenzmessungen werden bis zum Erreichen von 80 % SoH im Mittel 21 Testzyklen durchlaufen. Bei den Austauschmessungen Typ 1 werden nach dem Zellaustausch nach sechs Zyklen im Schnitt noch 18 Testdurchläufe erreicht. Bei den Austauschmessungen Typ 2 werden nach den ersten elf Durchläufen durchschnittlich 17 weitere Zyklen durchlaufen. Wird die gleiche Anzahl an Zellen für die drei durchgeführten Messreihen angenommen, können bei insgesamt sechs verfügbaren Zellen theoretisch 63 Testdurchläufe ohne Austausch erreicht werden. Bei den Austauschmessungen Typ 1 und 2 wird der Ziel-SoH nach 48 bzw. 56 Zyklen erreicht. Bei den beiden Messreihen mit Zellaustausch werden auf den ersten Blick demnach weniger Zyklen in Summe erreicht. In der Betrachtung dürfen die ausgetauschten Zellen nicht vernachlässigt werden, da diese in der Regel noch für einige Zyklen eingesetzt werden können. Im Rahmen dieser Arbeit wurden die ausgetauschten Zellen nicht weiter untersucht, sodass keine Aussage möglich ist. Die durchgeführten Austauschmessungen zeigen aber, dass durch eine geeignete Strategie eine Vergrößerung der Zyklenzahl möglich ist. Wie diese Strategie im Detail aussehen muss, ist zu untersuchen. Für den Einsatz in Hybrid- und Elektrofahrzeugen ist der Austausch einer Zelle jedoch eine gute und kostengünstige Möglichkeit, defekte Zellen zu ersetzen. Ein Austausch des kompletten Batteriemoduls ist aufgrund der hohen Kosten nicht wünschenswert.

5 Methode und Anwendung an Elektrofahrzeugen

Mit den gewonnenen Erkenntnissen aus den vorherigen Kapiteln soll mit dem Ziel, die verfügbare Kapazität des Energiespeichers von Elektrofahrzeugen abzuschätzen, zunächst eine Methode unter Berücksichtigung der Rahmenbedingungen entwickelt und diese anschließend an realen Elektrofahrzeugmodellen angewendet werden. Die Beurteilung des Energiespeichers soll dabei nicht ausschließlich auf der Einschätzung des fahrzeugeigenen Diagnosesystems basieren, sondern von objektiven Messdaten gestützt werden. Vielmehr wird über die Masse der untersuchten Fahrzeuge eine Datenbank mit den verschiedenen aufgezeichneten Messdaten aufgebaut. Die erfassten Messdaten werden basierend auf den im Fahrzeug bereitgestellten Werten ermittelt. Im letzten Teil dieses Kapitels werden die Ergebnisse und die Einschränkung der Methode diskutiert.

5.1 Motivation zur Entwicklung der Methode

In diesem Unterkapitel wird auf die Notwendigkeit und die Motivation zur Entwicklung der Methode eingegangen. Wie bereits dargestellt, gewinnt die Elektromobilität an Bedeutung. Mit der steigenden Anzahl an Hybrid- und Elektrofahrzeugen entsteht ein wachsender Bedarf an der Überprüfung und Bewertung dieser Fahrzeuge im Rahmen der gesetzlich vorgeschriebenen Regelüberprüfung wie HU oder bei der Erstellung eines Fahrzeugwertgutachtens durch Dritte. Dabei spielt, neben Sicherheits- und Zuverlässigkeitsfragen, der Wiederverkaufswert der Fahrzeuge eine entscheidende Rolle. Eine objektive Bewertung des Energiespeichers ist daher dringend erforderlich und sollte auch durch freie Werkstätten durchgeführt werden können.

Die Kenntnis des aktuellen Gesundheitszustands des Energiespeichers ist weiterhin von Bedeutung für die Überführung der Zellen nach einem automobilen Einsatz in einen stationären Sekundäreinsatz. Dies ist aufgrund der hohen Kosten der Zellen und der hohen Restkapazität nach dem automobilen Einsatz wirtschaftlich darstellbar.

5.2 Analyse der Rahmenbedingungen und prototypische Umsetzung

In diesem Unterkapitel wird zunächst auf die Rahmenbedingungen bei der Anwendung an realen Fahrzeugen eingegangen. Anschließend folgt die allgemeine Erläuterung der prototypischen Umsetzung der Methode.

Bei der prototypischen Umsetzung der Methode zur Bestimmung der verfügbaren Batteriekapazität in realen Elektrofahrzeugen müssen die gegebenen Rahmenbedingungen berücksichtigt werden. Diese können in die drei Kategorien Fahrzeug, Fahrzeugumgebung und Schnittstellen unterteilt werden. Für die Untersuchung der Fahrzeuge steht lediglich die Schnittstelle zwischen Fahrzeug und Fahrzeugumgebung zur Verfügung, die für Personenkraftwagen genormt ist. Nur über diese Schnittstelle ist ein sinnvoller unabhängiger Zugang zum Fahrzeugsystem möglich. Darüber hinaus ist zu berücksichtigen, dass nur die auf dem Fahrzeug-CAN verfügbaren CAN-Botschaften betrachtet und damit analysiert werden können. Die Verfügbarkeit des fahrzeugspezifischen Diagnosetesters ist eine weitere Voraussetzung zur Durchführung der Methode. Nur unter Berücksichtigung dieser Rahmenbedingungen ist eine systematische Übertragbarkeit auf weitere Elektrofahrzeuge und somit auf gesamte Flotten möglich.

Die Untersuchungen am Batterieprüfstand zeigen, dass der ohmsche Widerstand als Indikator für die verfügbare Kapazität herangezogen werden kann. Voraussetzung für die Ermittlung des ohmschen Widerstands ist eine Spannungsänderung als Reaktion auf einen Stromimpuls. Um eine solche Spannungsänderung hervorzurufen, wird eine Zelle mit einem definierten Strom beaufschlagt und die daraus resultierende Spannungsänderung aufgezeichnet. Da diese Methode im Fahrzeug zum Einsatz kommt, wird ein Spannungseinbruch der Zellen angestrebt. Das ist von Vorteil, da die Zellen beim Entladen in der Regel eine höhere C-Rate zulassen und Beschleunigungsvorgänge im Fahrzeug reproduzierbar durchgeführt werden können. Im Gegensatz zu den Entladevorgängen kann ein definierter Ladevorgang im Fahrzeug nur bei Rekuperation im Fahrbetrieb und beim Ladevorgang an einer Ladesäule realisiert werden. Eine reproduzierbare Rekuperation im Fahrbetrieb ist nur schwer umsetzbar. Auch die Verfügbarkeit einer Ladesäule ist nicht permanent gegeben. Des Weiteren ist der durch den Ladevorgang ausgelöste Spannungshub in der Regel zu klein. Daher fällt die Wahl in dieser Arbeit zum Hervorrufen eines Spannungseinbruchs auf Beschleunigungsvorgänge des Fahrzeugs.

Die Spannungsabfälle im Fahrzeug werden im Rahmen dieser Arbeit durch zwei Fahrmanöver hervorgerufen. Dabei handelt es sich um zwei Beschleunigungsvorgänge, die beide mit maximaler Gaspedalstellung durchgeführt werden:

- Fahrmanöver 1: maximaler Beschleunigungsvorgang aus dem Stillstand auf 30 km/h und
- Fahrmanöver 2: maximaler Beschleunigungsvorgang von 30 auf 50 km/h.

Voraussetzungen zur Ermittlung des ohmschen Widerstands sind die Kenntnisse über die Verschaltung der Zellen im Elektrofahrzeug und die Möglichkeit einer kontinuierlichen Erfassung der Messwerte Strom und Spannung. Die Temperatur ist ebenfalls erforderlich, da sie signifikanten Einfluss auf den Widerstand hat. Die Verfügbarkeit dieser drei Messwerte im Elektrofahrzeug ist eine Grundvoraussetzung für die Methode. Neben der Aufzeichnung der drei genannten Werte während der zwei Fahrmanöver werden in einem vorherigen Schritt für jedes Fahrzeug relevante Messwerte wie beispielsweise Kilometerstand, Ladezustand, Temperaturen und weitere batterierelevante Größen aufgezeichnet. Dieser Teil der Messung wird in dieser Arbeit als Diagnose-Messung bezeichnet.

Die Aufzeichnung der relevanten Werte wird über den im Fahrzeug verfügbaren CAN-Bus erfasst. Dazu ist im Vorfeld das Reverse-Engineering der relevanten Messwerte mithilfe des Fahrzeug-Diagnosetesters über die OBD-

Schnittstelle erforderlich. Das Reverse-Engineering umfasst zum einen die Identifikation der relevanten Anfragen (engl.: Request) an das verantwortliche Steuergerät, zum anderen müssen die Antworten (engl.: Response) des Steuergeräts korrekt interpretiert werden. Dazu wird ein Testsystem eingesetzt, welches die Rolle eines Gateways übernimmt und die Botschaften zwischen Fahrzeug und Tester mithört und weiterleitet [128,129]. Dadurch können die relevanten Messwerte exakt mit Faktor und Offset ermittelt werden. Die Anfragen an das verantwortliche Fahrzeug-Steuergerät werden bei den Messungen im Anschluss nicht über den Diagnosetester, sondern über die Software CANoe (Version 7.6 [130]) gestellt, welche den Diagnosetester simuliert. Die Botschaften des Diagnosetesters werden von CANoe nachgestellt, um das Fahrzeugsteuergerät zu stimulieren. Die Antworten des Steuergeräts werden mit CANoe aufgezeichnet, mithilfe von Datenbasen (DBC-Dateien) interpretiert und anschließend in Matlab (Version 2011b [131]) ausgewertet. Für jedes Fahrzeugmodell wird eine Datenbank mit den relevanten Daten und den dazugehörigen Diagnosebotschaften aufgebaut. Zu diesen Daten gehören die Identifier, die Service-ID, die Parameter-ID, die Länge und Ort des Messwerts, die Faktoren und der Offset zur Umrechnung des Hex-Werts in einen Dezimalwert. Die gesamte Vorgehensweise ist in Abbildung 5.1 zusammengefasst.

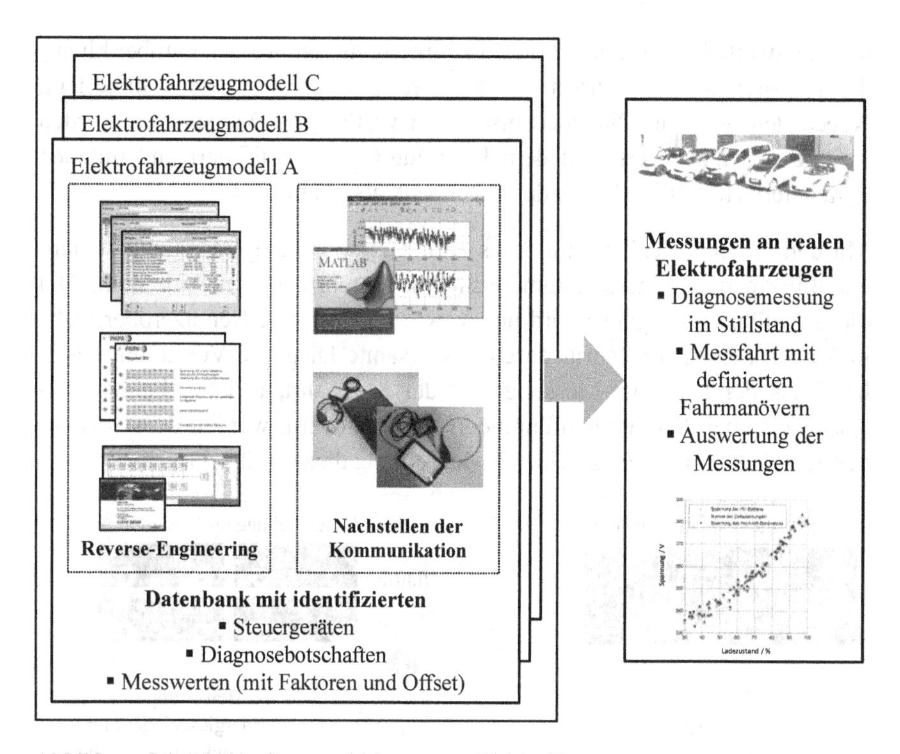

Abbildung 5.1: Vorbereitung und Messung an Elektrofahrzeugen

Im nächsten Unterkapitel folgt die detaillierte Erläuterung der Methode und des lernenden Bewertungsalgorithmus.

5.3 Methode und lernender Bewertungsalgorithmus

Die Vorgehensweise bei der neu entwickelten Methode ist in Abbildung 5.2 dargestellt. Für jedes zu untersuchende Elektrofahrzeugmodell ist eine einmalige Untersuchung mit einem Diagnosetester über die genormte OBD-Schnittstelle zum Aufbau einer modellspezifischen Datenbank erforderlich. Die Datenbank beinhaltet die identifizierten Steuergeräte mit der jeweiligen ID und die relevanten Messwerte mit den dazugehörigen PIDs und SIDs. Um die Messwerte im Anschluss korrekt zu interpretieren, werden darüber hinaus die Faktoren und der Offset der Messwerte in der Datenbank hinterlegt. Neben den über die Diagnosebotschaften verfügbaren Messwerten werden weitere relevante Werte auf dem Fahrzeug-CAN identifiziert und mit den Parametern (ID, PID, SID) in der Datenbank abgelegt.

Mit den in der Datenbank für jedes Fahrzeugmodell zur Verfügung stehenden Informationen wird automatisch eine geführte Diagnose erstellt. Bei dieser geführten Diagnose wird der Anwender über eine Benutzeroberfläche in Matlab Schritt für Schritt durch das gesamte Diagnose-Verfahren, bestehend aus der Diagnose-Messung und der Messfahrt, geleitet. Fehler, beispielsweise bei den durchzuführenden Fahrmanövern, werden dem Anwender gemeldet und führen zu einer Wiederholung dieses Prüfschrittes.

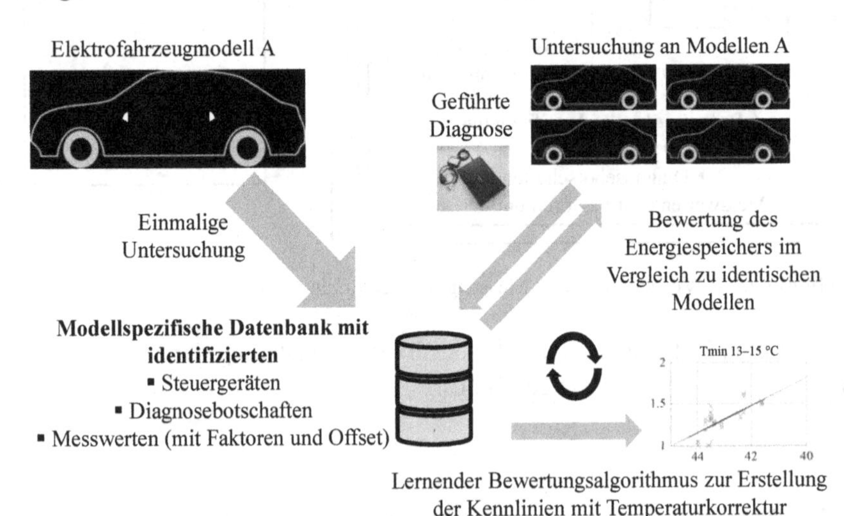

Abbildung 5.2: Vorgehensweise der Methode

Die von den Fahrzeugsteuergeräten gesendeten CAN-Botschaften als Antwort auf die gesendeten Anfragen werden gespeichert und mithilfe der in der Datenbank hinterlegten Parameter in Dezimalwerte umgerechnet. Die ermittelten Messwerte werden in Berichtsform dem Anwender zur Verfügung gestellt und beinhalten fahrzeugrelevante Daten wie Kilometerstand und HV-

Spannung. Aus der Messfahrt kann der ohmsche Widerstand ermittelt und in einen Zusammenhang mit der Kapazität gestellt werden. Unter Berücksichtigung der Batterietemperatur kann der Bewertungsalgorithmus der entwickelten Methode diesen neuen Wert mit der auf bisherigen Messungen basierenden Kennlinie vergleichen und einordnen. Mit jedem neu untersuchten Fahrzeug dieser Modellreihe wird eine neue Kennlinie für den jeweiligen Temperaturbereich berechnet und in der Ergebnisdatenbank hinterlegt. Es handelt sich somit um eine lernende Datenbank mit einem Bewertungsalgorithmus unter Temperaturberücksichtigung. Die vorgestellte Methode, bestehend aus einem statischen und dynamischen Teil, ist einzigartig, da sie im Fahrzeug vorhandene Sensorik nutzt, um eine objektive Bewertung der Hochvolt-Batterie im eingebauten Zustand direkt im Fahrzeug durchzuführen.

Im folgenden Unterkapitel werden die Untersuchungen an den beiden Elektrofahrzeugmodellen näher erläutert und die Untersuchungsergebnisse vorgestellt.

5.4 Praktischer Nachweis an realen Elektrofahrzeugmodellen

Für die Untersuchungen an realen Elektrofahrzeugmodellen werden die Neuzulassungen von Elektrofahrzeugen in Deutschland in den Jahren von 2011 bis 2014 betrachtet, um eine geeignete Fahrzeugauswahl vorzunehmen. Dazu sind in Tabelle 5.1 die Neuzulassungen von Elektrofahrzeugen in Deutschland jahrgangsweise nach Marke/Modellreihe dargestellt. [132, 133, 134, 135]

Die Fahrzeuge Citroën cZero, Mitsubishi iMiev und Peugeot iOn sind technisch baugleich [136,137,138]. Daher werden die Zulassungszahlen dieser drei Fahrzeuge summiert betrachtet. Im betrachteten Zeitraum von 48 Monaten ist von insgesamt 19 683 neu zugelassenen Elektrofahrzeugen der Spitzenreiter der Smart Electric Drive mit 4 548 Einheiten. Es folgt der Renault Zoe mit 2 517 Einheiten vor den baugleichen Fahrzeugen Citroën cZero, Mitsubishi iMiev und Peugeot iOn mit insgesamt 2 504 Einheiten. Der

Bestand an Elektrofahrzeugen in Deutschland am 01.01.2015 wird mit 18 948 Einheiten angegeben [139]. Die Differenz zwischen den von 2011 bis 2014 neu zugelassenen Fahrzeugen und dem Bestand am 01.01.2015 von über 700 Einheiten ist mit der Abmeldung dieser Fahrzeuge zu erklären. Die Ursache hierfür ist nicht bekannt.

Tabelle 5.1: Neuzulassungen von Elektrofahrzeugen in Deutschland 2011–2014

Marke/Modellreihe	**2011**	**2012**	**2013**	**2014**	**Summe**
Smart Electric Drive	328	734	1897	1589	4548
Renault Zoe	0	0	1019	1498	2517
Mitsubishi iMiev	683	96	89	122	990
Citroën cZero	200	454	276	32	962
Peugeot iOn	208	263	48	33	552
∑ iMiev, cZero, iOn	1091	813	413	187	2504
Nissan Leaf	21	451	855	812	2139
Volkswagen Up	0	10	830	919	1759
BMW i3	0	0	363	1242	1605
Volkswagen Golf, Jetta	81	31	92	1040	1244
Tesla Model S	0	0	0	815	815
Sonstige	633	917	582	420	2552
Total	2154	2956	6051	8522	**19683**

Basierend auf den Zulassungszahlen in den Jahren 2011 bis 2014 und der hohen Verfügbarkeit der Modelle werden der Smart Electric Drive und der Citroën cZero mit den technisch baugleichen Mitsubishi iMiev und Peugeot iOn als Versuchsfahrzeuge ausgewählt. Die beiden ausgewählten Elektrofahrzeugmodelle sind in Abbildung 5.3 dargestellt.

Abbildung 5.3: Elektrofahrzeugmodelle - Smart Electric Drive und Citroën cZero

Die relevanten Batterieparameter der untersuchten Elektrofahrzeuge sind in Tabelle 5.2 zusammengefasst. Die Batteriesysteme der beiden Fahrzeuge zeigen eine identische Architektur mit einer seriellen Verschaltung von Zellen mit einer Kapazität von 52 bzw. 50 Ah. Die Zellenanzahl liegt bei 93 bzw. 88 Einzelzellen. Beim Citroën cZero sind die Einzelzellen in zwölf Module unterteilt, die jeweils über eine eigene Zellenelektronik verfügen und daher mit einem eigenen Identifier angesprochen werden können.

Tabelle 5.2: Relevante Batteriedaten der untersuchten Elektrofahrzeuge [55,70,140]

Marke/Modellreihe	Anzahl der Zellen	Kapazität in kWh	Kapazität in Ah
Smart Electric Drive	93 in Serie	17,6 kWh	52 Ah
Citroën cZero	88 in Serie	16,0 kWh	50 Ah

Die Messungen bestehen für jedes Fahrzeug aus zwei Teilen:

- Die Diagnose-Messung im Stillstand dient zur Erfassung der relevanten Daten wie Kilometerstand, Ladezustand, Hochvolt-Spannung, Kapazität und Temperaturen.
- Die anschließende Messfahrt mit den zwei im vorherigen Unterkapitel definierten Fahrmanövern dient zur Ermittlung des ohmschen Widerstands.

Die aufgezeichneten Messwerte werden in den beiden folgenden Unterkapiteln näher beschrieben und die Ergebnisse der Untersuchungen vorgestellt und diskutiert.

5.4.1 Untersuchungen am Smart Electric Drive

Im Rahmen dieser Arbeit wurden insgesamt 233 Smart Electric Drive untersucht. Dabei werden über die Diagnose-Messung u. a. die in Tabelle 5.3 dargestellten Messwerte abgefragt. Relevante Messwerte sind vor allem der Kilometerstand, der Ladezustand der Hochvolt-Batterie, die Spannung der gesamten Hochvolt-Batterie, die Temperatur an der Hochvolt-Batterie und die verfügbare Kapazität der Hochvolt-Batterie. Bei der Kapazität ist anzumerken, dass dieser Wert in der Diagnose nicht permanent verfügbar ist, da dieser gespeicherte Wert nach einer bestimmten Zeit nicht mehr gültig ist und daher verworfen wird.

Tabelle 5.3: Auszug Messwerte der Diagnose-Messung am Smart Electric Drive

Messwert	**Einheit**
Fahrzeugidentifikationsnummer (FIN)	-
Kilometerstand	km
Ladezustand	%
Spannung Niedervolt-Bordnetz	V
Verbleibende Schaltzyklen	-
Hochvolt-Strom	A
Spannung Hochvolt-Batterie	V
Summe der Zellspannungen	V
Spannung des Hochvolt-Bordnetzes	V
Gefahrene Kilometer mit Hochvolt-Batterie	km
Isolationswiderstand	MΩ
Herstellungsdatum Hochvolt-Batterie	-
Kapazität	Ah
Temperatur Hochvolt-Batterie	°C

Während den Messfahrten mit dem Smart Electric Drive werden der Hochvolt-Strom und die 93 Einzelzellspannungen aufgezeichnet (Tabelle 5.4). Die Abtastrate beträgt 1 Hz.

Die durchgeführten Messfahrten werden anschließend im Hinblick auf die zwei Fahrmanöver untersucht. Für jedes zutreffende Fahrmanöver werden der Stromimpuls und die korrespondierenden 93 Spannungsabfälle ermittelt. Diese beiden Werte bilden die Basis zur Ermittlung des ohmschen Widerstands.

Tabelle 5.4: Erfasste Messwerte bei der Messfahrt mit dem Smart Electric Drive

Messwert	**Frequenz**	**Einheit**
Hochvolt-Strom	1 Hz	A
Einzelzellspannungen der 93 Einzelzellen	1 Hz	V

Bei der Auswertung der Diagnose-Messung kann ein quadratischer Zusammenhang zwischen der Spannung der Hochvolt-Batterie und dem Ladezustand erkannt werden. Bei den untersuchten Fahrzeugen liegt der Ladezustand zwischen knapp 30 und 100 %. Die berechnete Kennlinie mit den erfassten Messpunkten ist in Abbildung 5.4 dargestellt. Der quadratische Zusammenhang zwischen den beiden Größen lässt darauf schließen, dass bei niedrigen Ladezuständen ein geringerer Spannungsanstieg benötigt wird als bei höheren Ladezuständen, um den gleichen SoC-Hub zu erreichen. Bei genauer Betrachtung ist zu erkennen, dass bei identischem Ladezustand die korrespondierenden Spannungswerte eine Streuung aufweisen. Dies kann auf die Umgebungstemperatur, die kurzfristige Belastungsgeschichte und den Alterungszustand der Zellen zum Zeitpunkt der Messung zurückgeführt werden. Die vorherige Belastung und Ruhezeit unmittelbar vor der Messung sind nicht bekannt. Dieser Einfluss kann daher keine Berücksichtigung in der Auswertung finden. Bei Berücksichtigung des Alterungszustands der Zelle ergibt sich kein Zusammenhang zwischen der Spannung und dem Ladezustand. Die Filterung der Darstellung der Spannung über den Ladezustand für verschiedene Temperaturfenster führt zu einer minimal geringeren Streuung der Spannung.

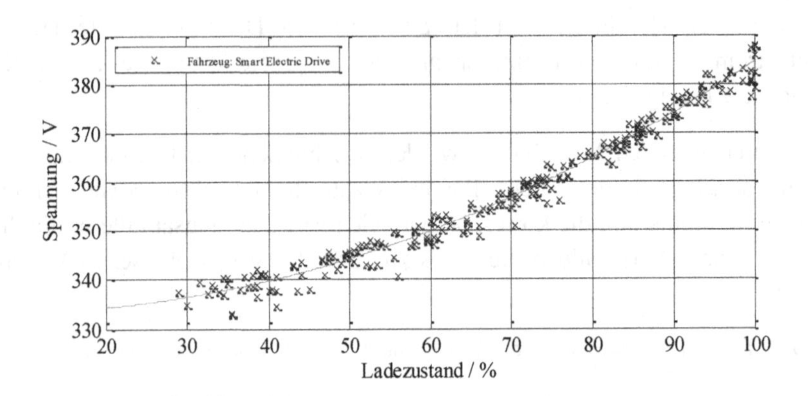

Abbildung 5.4: Spannung der Hochvolt-Batterie über dem Ladezustand

Die Abbildung spiegelt die verschiedenen Ladezustände zu Beginn der Fahrten wider. Die Auswertung zeigt, dass mit 20 % der größte Anteil der Ladezustände zu Fahrtbeginn zwischen 80 und 90 % liegt. Knapp 12 % der Messdaten zeigen einen Start-SoC von unter 40 %. In [122] wird für diesen Bereich und dieses Fahrzeugsegment ein Wert von 33 % genannt.

Ein weiterer Zusammenhang ist zwischen dem Alter der Hochvolt-Batterie und dem Kilometerstand zu erkennen. Dabei sind neben gleichmäßig gefahrenen Fahrzeugen auch Fahrzeuge mit vielen bzw. wenig zurückgelegten Kilometer untersucht worden, wie in Abbildung 5.5 dargestellt ist. Dabei repräsentieren die Punkte über der eingezeichneten linearen Kennlinie die Fahrzeuge mit vergleichsweise wenigen Kilometern, während die Punkte unterhalb der Kennlinie Fahrzeuge mit relativ viel zurückgelegten Kilometern abbilden. Die Berechnung einer linearen Kennlinie lässt die Abschätzung der zurückgelegten Strecke in Abhängigkeit des Batteriealters zu. Dabei wird angenommen, dass das Alter der Hochvolt-Batterie weitestgehend dem Alter des Fahrzeugs entspricht. Die Auswertung der Kennlinie führt zu einer monatlich zurückgelegten Strecke der untersuchten Fahrzeuge von 550 km. Dieser Wert liegt über dem in [122] genannten Durchschnitt für das Mini-Segment mit 421 km/Monat. Jedoch liegt der ermittelte Wert deutlich unter dem Wert für Carsharing mit mehreren Parkplätzen, der mit 745 km/Monat angegeben wird. Zu berücksichtigen ist dabei die geringe Anzahl an Fahrzeugen, die in der aufgeführten Studie zu diesem Segment (Mini-Segment und Carsharing) zugeordnet werden.

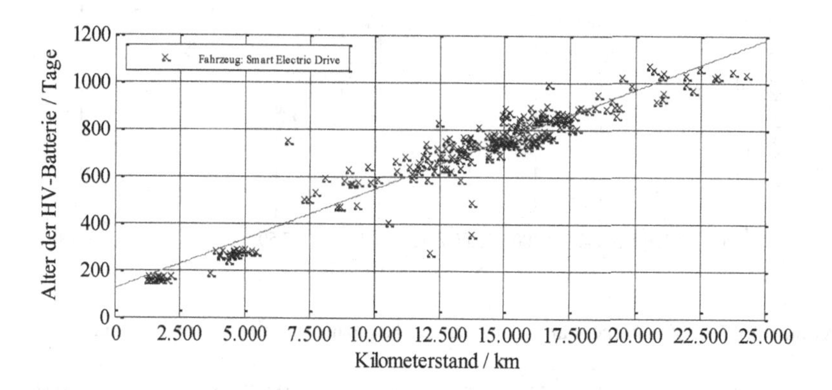

Abbildung 5.5: Alter der Hochvolt-Batterie über dem Kilometerstand

In Abbildung 5.6 ist die verfügbare Kapazität über dem Kilometerstand dargestellt. Die erfassten Werte aus der Diagnose-Messung zeigen nach Ermittlung einer linearen Kennlinie eine geringfügige Abnahme der Kapazität mit zunehmender Anzahl an zurückgelegten Kilometern. Dabei ist aber auch die hohe Streuung der Kapazität zu berücksichtigen, sodass ausschließlich über den Kilometerstand keine eindeutige Aussage zur Kapazität getätigt werden kann. Dies ist damit zu erklären, dass die Laufleistung des Fahrzeugs zwar bekannt ist, nicht jedoch das Geschwindigkeitsprofil des Fahrzeugs, das die Höhe des Stromimpulses und die Entladetiefe des Energiespeichers beeinflusst. Diese beiden Größen haben jedoch einen erheblichen Einfluss auf die Alterung. Aus der Abbildung kann entnommen werden, dass Fahrzeuge mit einer größeren Kapazität als der Nennkapazität von 52 Ah untersucht worden sind. Die Summe der dargestellten Punkte entspricht nicht der Gesamtzahl der untersuchten Fahrzeuge. Dies ist darauf zurückzuführen, dass der Smart Electric Drive nicht permanent einen gültigen Kapazitätswert bereitstellt. Es ist davon auszugehen, dass ein ermittelter Kapazitätswert nach einer bestimmten Zeit verworfen wird. Lediglich bei 60 Fahrzeugen konnte ein gültiger Kapazitätswert erfasst werden.

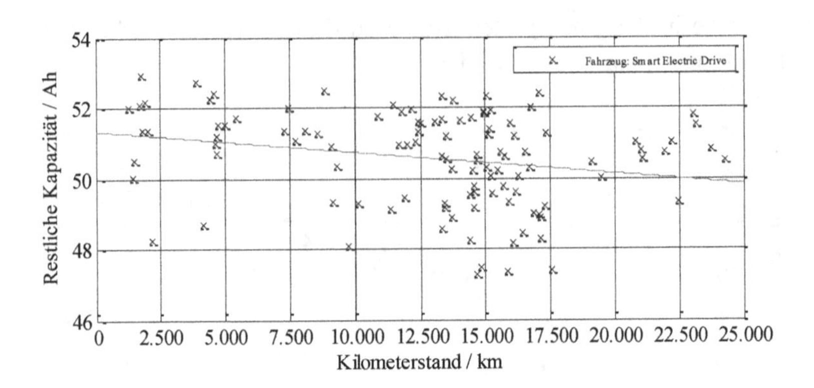

Abbildung 5.6: Zusammenhang zwischen der Kapazität und dem Kilometerstand

In Abbildung 5.7 sind die Herstellungsdaten der HV-Batterien für die untersuchten Fahrzeuge dargestellt. Aus den Daten kann auf die Produktionszeiträume der Zellen geschlossen werden. Dabei wird deutlich, dass zunächst über einen Zeitraum von Oktober 2012 bis Mitte des Jahres 2013 Zellen für den Smart Electric Drive produziert wurden. Anschließend folgt eine längere Pause von etwa einem Jahr bevor ein weiterer Produktionszeitraum im Juli 2014 erkennbar ist.

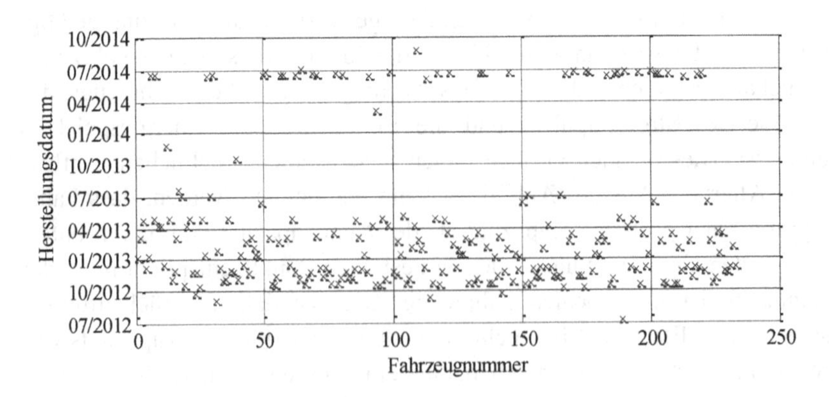

Abbildung 5.7: Herstellungsdatum der Zellen in den untersuchten Fahrzeugen

Im nächsten Schritt werden die Ergebnisse aus den Messfahrten vorgestellt. Abbildung 5.8 zeigt beispielhaft eine aufgezeichnete Messfahrt mit einer Dauer von 125 Sekunden. Der untere Graph zeigt den Stromverlauf und der obere Graph den daraus resultierenden Spannungsverlauf der 93 Einzelzellen, der den Erwartungen entspricht. Bei den Verläufen der Einzelzellspannungen ist die Verschiebung einiger Spannungsverläufe in y-Richtung zu beobachten. Dies deutet auf unterschiedliche Spannungslagen der Zellen hin. Die Ursache hierfür kann auf verschiedene Alterungszustände und somit erhöhte Innenwiderstände der Einzelzellen zurückgeführt werden.

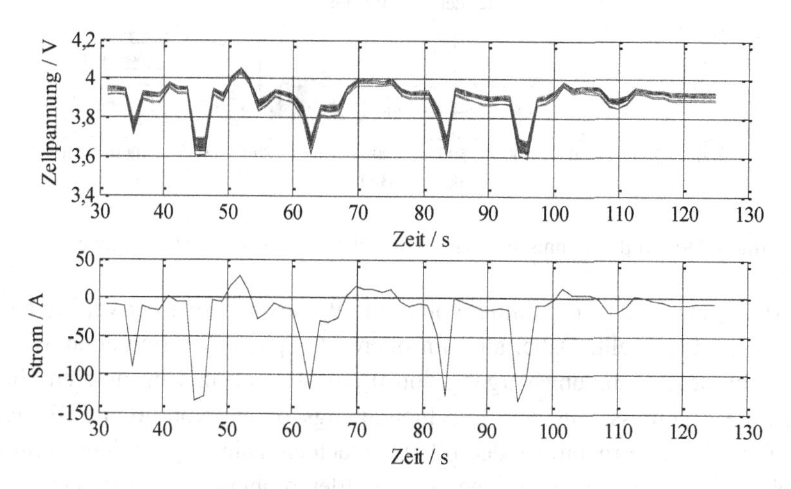

Abbildung 5.8: Messfahrt mit mehreren Fahrmanövern

Für die folgenden Auswertungen werden bei jeder Messfahrt die beiden Fahrmanöver identifiziert und für jedes Fahrmanöver der ohmsche Widerstand berechnet, indem der Spannungsabfall jeder Einzelzelle und die Höhe des Stromimpulses herangezogen werden. Somit ergeben sich für jede durchgeführte Messfahrt zwei Werte für den ohmschen Widerstand für jede der 93 Einzelzellen.

Abbildung 5.9 zeigt für die beiden Fahrmanöver (oben Fahrmanöver 1, unten Fahrmanöver 2) die ermittelten mittleren ohmschen Widerstände. Diese sind in diesem Fall über dem Alter der HV-Batterie in Tagen dargestellt. Wie bei der Kapazität gibt es keinen direkten Zusammenhang zwischen dem mittleren ohmschen Widerstand und dem Alter der HV-Batterie. Die große Streuung der Werte kann damit erklärt werden, dass die Fahrzeuge unterschiedliche Laufleistungen bei gleichem Alter der HV-Batterie aufweisen.

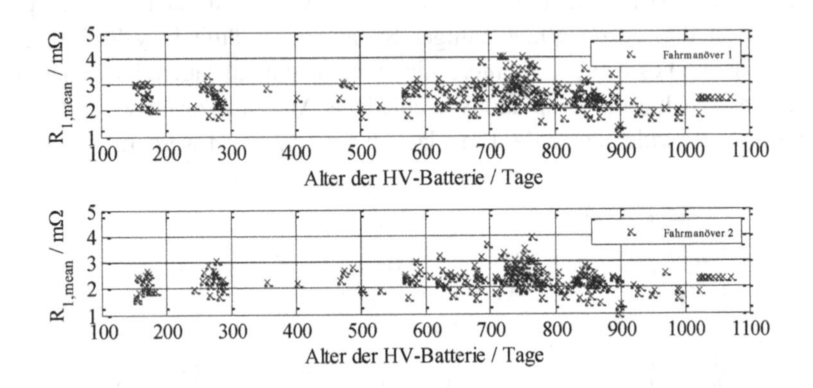

Abbildung 5.9: Mittlerer ohmscher Widerstand über dem Alter der HV-Batterie

In Abbildung 5.10 ist der mittlere ohmsche Widerstand über der verfügbaren Kapazität dargestellt. Dabei sind im oberen Graphen die ermittelten Werte aus dem Beschleunigungsvorgang von 0 auf 30 km/h und im unteren Graphen die Ergebnisse aus dem Beschleunigungsvorgang von 30 auf 50 km/h abgebildet. Die Ergebnisse der 60 untersuchten Fahrzeuge zeigen keinen direkten Zusammenhang zwischen dem mittleren ohmschen Widerstand und der Kapazität. Trotz der Streuung ist eine steigende Tendenz des Widerstands bei abnehmender Kapazität zu erkennen. Die Streuung ist auf den Temperatureinfluss zurückzuführen.

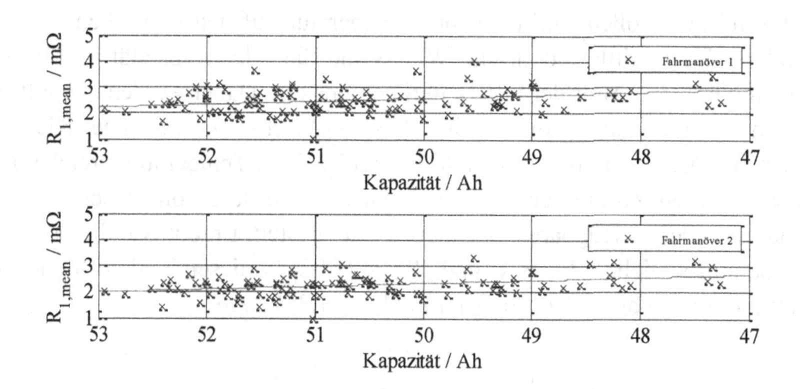

Abbildung 5.10: Mittlerer ohmscher Widerstand über der Kapazität

Der Einfluss der Temperatur auf den ohmschen Widerstand ist in Abbildung 5.11 dargestellt. Es wird deutlich, dass die Temperatur einen großen Einfluss auf die Höhe des mittleren ohmschen Widerstands hat. Mit zunehmender Temperatur sinkt der gemessene Widerstand linear ab. Dies entspricht den Ergebnissen aus den Untersuchungen am Prüfstand. Der Einfluss der Kapazität wird in dieser Abbildung nicht betrachtet. Die Ergebnisse zeigen des Weiteren, dass die maximalen Temperaturen der HV-Batterie bei den untersuchten Fahrzeugen unter 22 °C liegen.

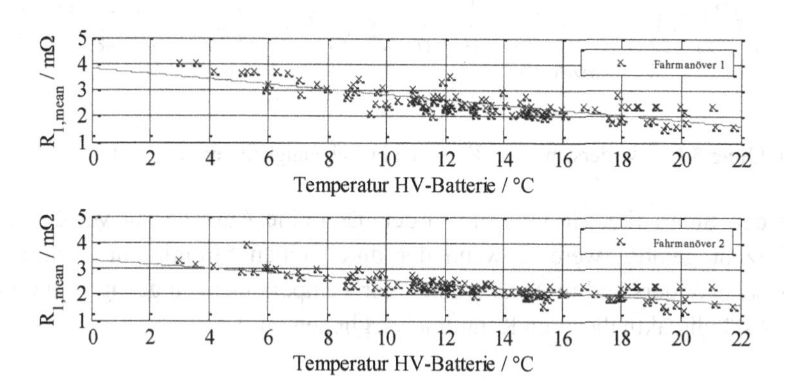

Abbildung 5.11: Mittlerer ohmscher Widerstand über der Batterietemperatur

Aufgrund des großen Einflusses der Temperatur auf den ohmschen Widerstand wird der mittlere ohmsche Widerstand über der Kapazität in Abhängigkeit der Temperatur der HV-Batterie dargestellt. Dabei werden die auftretenden Temperaturen von 3 bis 21 °C in sechs verschiedene Klassen unterteilt. Die Ergebnisse in Abbildung 5.12 zeigen Temperaturbereiche mit einem linearen Zusammenhang zwischen dem mittleren ohmschen Widerstand und der verfügbaren Kapazität. Die besten Ergebnisse liefern die Temperaturbereiche 6 bis 9 °C und 18 bis 21 °C. In diesen beiden Bereichen beträgt die Standardabweichung 1,1327 bzw. 1,3592 Ah.

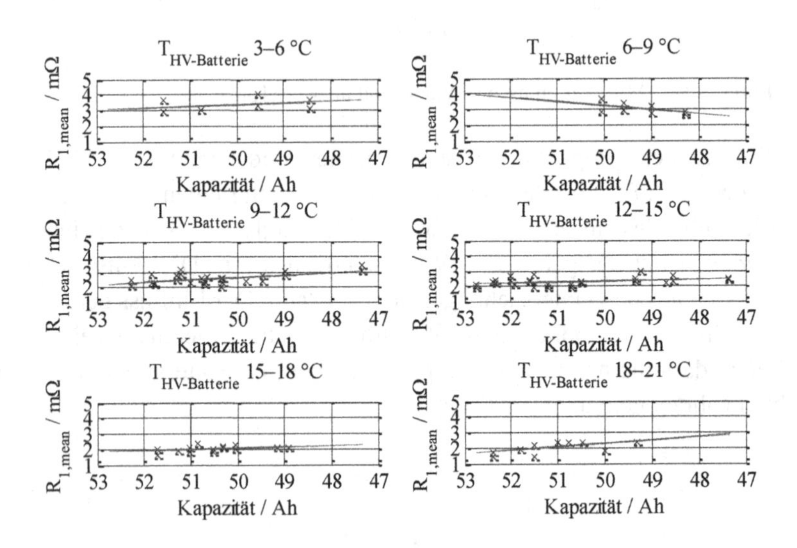

Abbildung 5.12: Widerstand über Kapazität in Abhängigkeit der Temperatur

Für den Smart Electric Drive kann demnach eine Aussage zur verfügbaren Kapazität getätigt werden, wenn der durch einen Stromimpuls ermittelte ohmsche Widerstand in Abhängigkeit der Temperatur herangezogen und mit einer ständig aktualisierten Kennlinie verglichen wird.

5.4.2 Untersuchungen am Citroën cZero

Im Rahmen dieser Arbeit wurden insgesamt 125 Elektrofahrzeuge des Modells Citroën cZero untersucht. Die bei der Diagnose-Messung am Citroën cZero aufgezeichneten relevanten Messwerte sind in Tabelle 5.5 aufgeführt. Von großer Bedeutung für die weitere Auswertung sind dabei der Kilometerstand, der Ladezustand, die Spannungen im Hochvolt-System und die verfügbare Kapazität. Von Interesse sind des Weiteren die Zellen mit der maximalen und minimalen Spannung und die Werte für den maximalen und minimalen Widerstand. Während der anschließenden Messfahrt mit den zwei definierten Fahrmanövern werden der Hochvolt-Strom, die 88 Einzelzellspannungen und die Fahrzeuggeschwindigkeit aufgezeichnet (Tabelle 5.6).

Tabelle 5.5: Auszug Messdaten der Diagnose-Messung am Citroën cZero

Messwert	**Einheit**
Fahrzeugidentifikationsnummer (FIN)	-
Kilometerstand	km
Im Kombiinstrument angezeigter Ladezustand	%
Ladezustand roh	%
Spannung der Antriebsbatterie	V
Spannung der Zellen der Antriebsbatterie	V
Maximale Abweichung der Zellenspannung	mV
Spannung der Zusatzbatterie	V
Strom der Antriebsbatterie	A
Maximale Spannung der Zelle	V
Nummer der Zelle mit der maximalen Spannung	-
Minimale Spannung der Zelle	V
Nummer der Zelle mit der minimalen Spannung	-
Lieferbare Höchstleistung	kW
Zulässige Höchstleistung	kW
Maximaler / minimaler Wert des internen Widerstands	mΩ
Maximale / minimale Temperatur der Zellen	°C
Verfügbare Kapazität	Ah
Maximale / minimale verfügbare Kapazität	Ah

Tabelle 5.6: Auszug Messdaten bei der Messfahrt mit dem Citroën cZero

Messwert	Frequenz	Einheit
Hochvolt-Strom	10 Hz	A
Einzelzellspannungen der 88 Einzelzellen	10 Hz	V
Fahrzeuggeschwindigkeit	10 Hz	km/h

Die Ergebnisse der Diagnose-Messung für den Citroën cZero werden im folgenden Abschnitt vorgestellt. Abbildung 5.13 zeigt den Zusammenhang zwischen Spannung und dem angezeigtem Ladezustand. Eine quadratische Kennlinie bildet den Zusammenhang zwischen den beiden Größen gut ab. Bei der Auswertung des prozentualen Fehlers liegen 99 % der Messpunkte bei einem Wert von unter 1 %. Der größte Fehler in negativer Richtung beträgt dabei 1,3 %, der größte Fehler in positiver Richtung liegt bei 0,9 %. Im Gegensatz zum Smart Electric Drive nimmt die Steigung der Kurve mit steigendem Ladezustand ab.

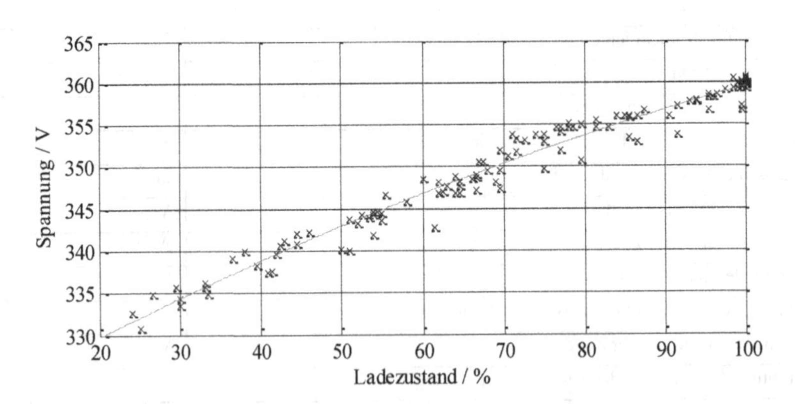

Abbildung 5.13: Zusammenhang der HV-Spannung und angezeigtem Ladezustand

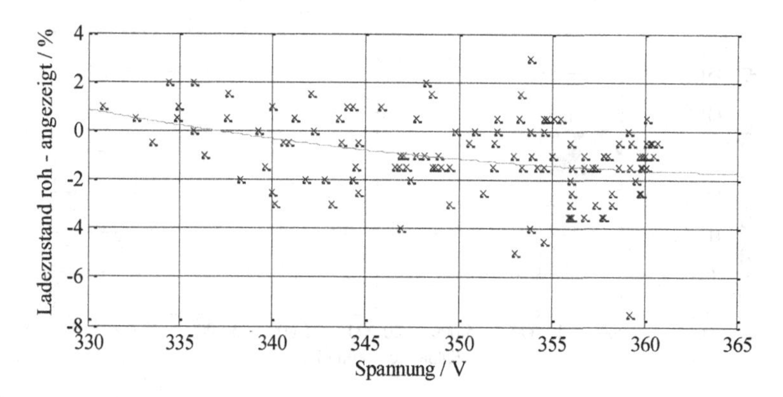

Abbildung 5.14: Differenz zwischen Ladezustand roh und angezeigt

Bei diesem Fahrzeugmodell werden mit dem angezeigten und dem rohen Ladezustand zwei verschiedene Werte bereitgestellt. Die Darstellung der Differenz zwischen diesen beiden Werten bei bestimmten Spannungen weisen keinen eindeutigen Zusammenhang auf, wie Abbildung 5.14 zeigt. So treten bei allen Spannungslagen Punkte mit sowohl positiver als auch mit negativer Differenz auf. Die Unterschiede liegen dabei unter 8 % SoC. Es ist jedoch zu bedenken, dass die Umgebungstemperatur und die vorherige Belastung nicht berücksichtigt werden können.

Abbildung 5.15 stellt die Kapazität über den aktuellen Kilometerstand dar. Es ist eine Punktewolke zwischen 5 000 und 10 000 km ersichtlich. Ursache hierfür ist die Abwesenheit von älteren Fahrzeugen, die eine höhere Laufleistung aufweisen würden. Lediglich sieben Fahrzeuge weisen einen Kilometerstand von über 10 000 km auf. Die höchste Laufleistung der untersuchten Fahrzeuge beträgt etwas über 37 000 km.

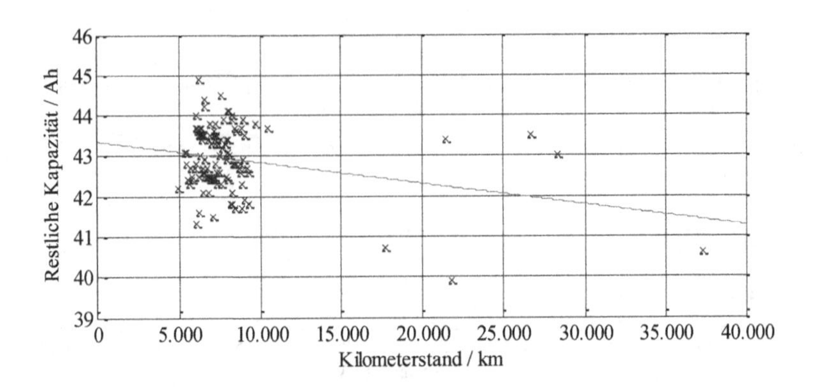

Abbildung 5.15: Zusammenhang von der Kapazität und dem Kilometerstand

Die errechnete lineare Kennlinie weist keinen Zusammenhang zwischen den beiden dargestellten Größen auf. Dies ist auch auf die Abwesenheit von Fahrzeugen mit einer größeren Laufleistung zurückzuführen. Bei den sechs Fahrzeugen mit einem deutlich höheren Kilometerstand ist bei der Hälfte eine geringere verfügbare Kapazität im Vergleich zur Kennlinie feststellbar.

Abbildung 5.16 gibt einen Überblick über relevante Rahmenbedingungen bei der Diagnose am Fahrzeug. Oben ist die verfügbare Kapazität aller untersuchten Fahrzeuge aufgetragen. In der Mitte sind die vom Fahrzeug bereitgestellten Werte für die maximalen und minimalen Widerstände dargestellt. Bei allen 125 untersuchten Fahrzeugen stimmen die beiden Extremwerte überein. Fraglich ist, ob mit zunehmender Alterung und somit abnehmender Kapazität und ansteigendem ohmschen Widerstand eine Diskrepanz zwischen den beiden Extremwerten auftritt. Aufgrund der geringen Anzahl an Fahrzeugen mit einer hohen Laufleistung kann hierzu keine Aussage getroffen werden.

Die minimale und maximale Temperatur der Zellen ist unten abgebildet. Dabei treten Temperaturdifferenzen zwischen 0 und 7 K auf. Dieser auftretende Temperaturgradient zwischen den einzelnen Zellen ist eine Herausforderung bei der Kühlung von Batterien für Elektro- und Hybridfahrzeuge [141].

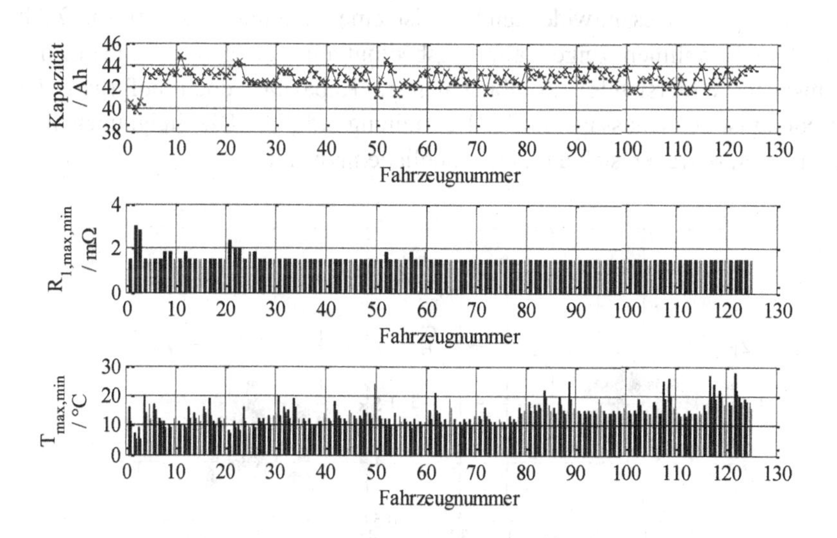

Abbildung 5.16: Kapazität, max./min. Widerstand, max./min. Temperatur

Bei den Untersuchungen am Batterieprüfstand hat sich der ohmsche Widerstand als Indikator für den State-of-Health herauskristallisiert. Bei den durchgeführten Messungen mit dem Fahrzeugmodell Citroën cZero wurden die beiden Fahrmanöver identifiziert. Mit dem Stromimpuls und dem daraus resultierenden Spannungsabfall kann für die 88 seriell verschalteten Zellen jeweils ein Wert für den ohmschen Widerstand berechnet werden. In der Abbildung 5.17 sind vier verschiedene Darstellungen des ohmschen Widerstands über der Kapazität abgebildet. In der oberen Reihe sind die maximalen bzw. minimalen Widerstände der 88 Zellen über der Kapazität dargestellt. Unten links ist der mittlere ohmsche Widerstand des Zellmoduls über der verfügbaren Kapazität dargestellt. Die rechte untere Seite zeigt den Gesamtwiderstand des Zellmoduls über der Restkapazität. Bei allen Diagrammen ist eine Punktewolke zwischen 42 und 44 Ah Kapazität zu erkennen. Ursache hierfür ist mit großer Wahrscheinlichkeit die Abwesenheit von Fahrzeugen mit hohen Laufleistungen. Die für alle vier Diagramme berechneten linearen Kennlinien zeigen unterschiedliche Steigungen zwischen -0.14 und -0.11 mΩ/Ah für die drei ersten Diagramme. Die Steigung der Kennlinie zur

Abbildung des Gesamtwiderstands weist eine Steigung von -10,7 mΩ/Ah auf. Die Kennlinien zeigen alterungsbedingt eine steigende Tendenz des ohmschen Widerstands mit abnehmender Kapazität, doch aufgrund der Streuung ist keine aussagekräftige Beurteilung möglich. Die Steigungen aller Kennlinien bewegen sich auf einem ähnlichen Niveau.

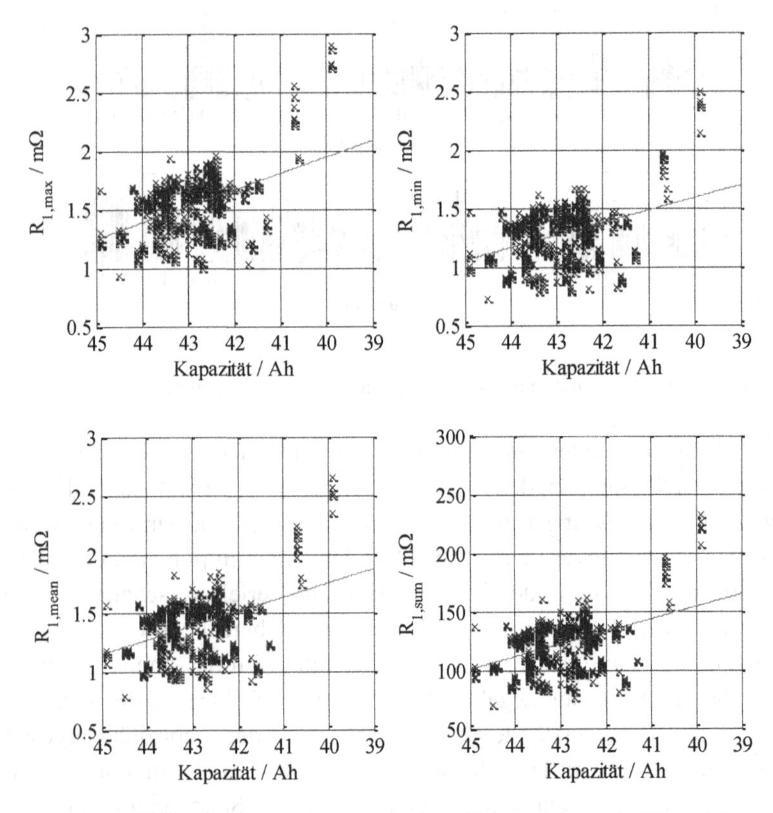

Abbildung 5.17: Zusammenhang vom ohmschen Widerstand und der Kapazität

Im nächsten Schritt wird der Temperatureinfluss berücksichtigt, indem für die auftretenden maximalen Temperaturbereiche der ohmsche Widerstand über der Kapazität dargestellt wird. Für diese weitere temperaturspezifische Auswertung wird ausschließlich der mittlere ohmsche Widerstand der Zellen betrachtet. Bei den 125 im Rahmen dieser Arbeit untersuchten Fahrzeugen sind maximale Temperaturen zwischen 7 und 28 °C aufgetreten. In Abbildung 5.18 sind die ermittelten mittleren ohmschen Widerstände über der verfügbaren Kapazität für sechs verschiedene Bereiche der Maximaltemperatur dargestellt. Anhand der Kennlinien ist zu erkennen, dass für bestimmte Temperaturbereiche beispielsweise zwischen 5 und 8 °C und zwischen 17 und 20 °C eine Linearität vorliegt. Die detaillierte Auswertung des ersten Bereichs zeigt, dass die Kennlinie mit einer Steigung von -0,3134 mΩ/Ah die Messwerte gut abbildet. Bei Vergleich der gemessenen ohmschen Widerstände mit der Kennlinie ergibt sich eine mittlere Abweichung von 0,4929 % für die Kapazität. Die Standardabweichung beträgt 1,8996 Ah. Für den Temperaturbereich mit maximalen Temperaturen zwischen 17 und 20 °C ergibt die Kennlinie mit einer Steigung von -0,21944 mΩ/Ah eine mittlere Abweichung von 1,0728 % für den Wert der Kapazität. Die Standardabweichung beträgt 0,8337 Ah. Bei den vier weiteren Temperaturbereichen liegt die Standardabweichung zwischen 1,172 und 6,803 Ah.

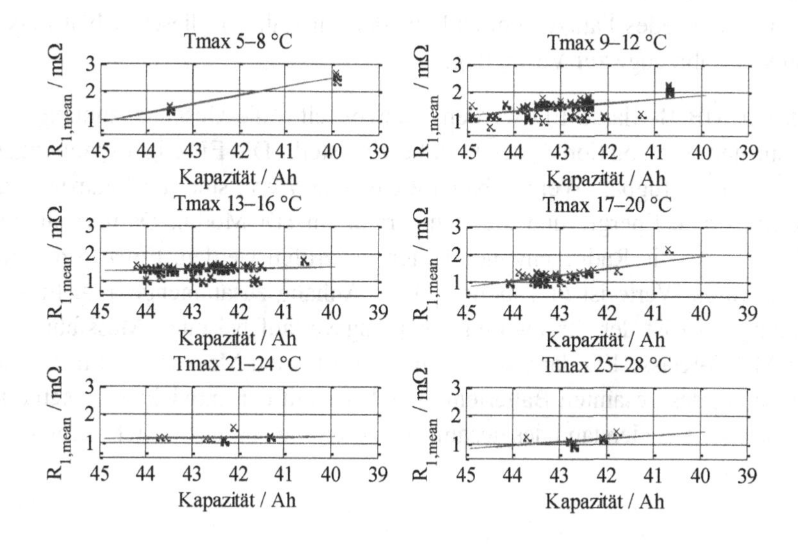

Abbildung 5.18: Widerstand über der Kapazität in Abhängigkeit der Temperatur

Die dargestellten Zusammenhänge basieren auf den in dieser Arbeit untersuchten Fahrzeugen. Mit jedem weiteren untersuchten Fahrzeug kommen

Messpunkte hinzu, die bei der Neuberechnung der Kennlinien, unter Berücksichtigung der Temperatur, durch den lernenden Bewertungsalgorithmus mit einbezogen werden können. So erhöht sich mit zunehmender Anzahl an Untersuchungsobjekten die Aussagekraft.

5.4.3 Untersuchungen an weiteren Fahrzeugmodellen

Im Rahmen dieser Arbeit wurden erste Untersuchungen an weiteren Hybrid- und Elektrofahrzeugen durchgeführt, um die Übertragbarkeit der entwickelten Methode auf weitere Fahrzeuge zu prüfen. Untersucht wurden dabei Fahrzeuge von Mercedes-Benz, und zwar die Modellreihen B-Klasse ED, eVito und C-Klasse Plug-in Hybrid. Drei weitere untersuchte Fahrzeuge sind von Volkswagen. Dabei handelt es sich um den eUp, den e-Golf und den Golf GTE. Die über die Diagnoseschnittstelle verfügbaren Messwerte in den verschiedenen Fahrzeugen können aus den Tabellen im Anhang entnommen werden. Für jedes Fahrzeugmodell standen im Rahmen dieser Arbeit maximal vier Fahrzeuge zur Verfügung.

Bei der MB B-Klasse ED werden hochvoltseitig die Gesamtspannung, der Strom und der Isolationswiderstand bereitgestellt. Die Einzelzellspannungen sind nicht verfügbar. Weitere batterierelevante Werte sind der Ladezustand, die maximale Energie und die Temperatur im HV-Modul. Darüber hinaus können u. a. die Radgeschwindigkeiten abgerufen werden. Ein Auszug der verfügbaren Werte ist in Tabelle A.1 im Anhang zusammengefasst. In Abbildung 5.19 ist der Strom- und Spannungsverlauf bei einer Messfahrt mit der MB B-Klasse ED dargestellt. Aus den erfassten Messwerten Strom und Spannung des gesamten Batteriemoduls kann mit der entwickelten Methode der ohmsche Widerstand des gesamten Energiespeichers bewertet werden.

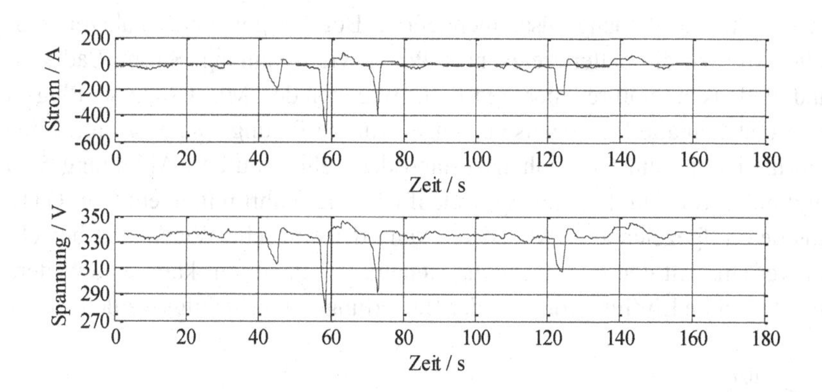

Abbildung 5.19: Strom- und Spannungsverlauf bei einer MB B-Klasse ED

Beim MB eVito zeigen erste Untersuchungen, dass die HV-Spannung, der HV-Strom und einige relevante Temperaturen, wie beispielsweise die Temperatur der HV-Batterie, ausgegeben werden. Weitere batterierelevante Daten sind der Gesundheitszustand, der Ladezustand, die maximale und minimale Zellspannung, der Isolationswiderstand und Informationen zu der Anzahl der Schaltzyklen bzw. zu der verbleibenden Anzahl der Schaltzyklen der Schütze. Tabelle A.2 im Anhang gibt eine Übersicht über den wichtigsten Teil der verfügbaren Messwerte. Der Strom- und Spannungsverlauf kann wie bei der MB B-Klasse ED erfasst werden und zur Bewertung der Hochvoltbatterie eingesetzt werden.

Bei den zwei vorangegangenen Fahrzeugmodellen sind keine Einzelzellspannungen verfügbar. Im Gegensatz dazu werden bei der Mercedes-Benz C-Klasse Plug-in Hybrid die Einzelzellspannungen aller Einzelzellen über den Diagnosetester zur Verfügung gestellt. Die Messwerte Kilometerstand, HV-Spannung, HV-Strom und die Temperaturen entsprechen den Werten aus den anderen Fahrzeugmodellen des Herstellers. Jedoch wird über den Diagnosetester keine Aussage zum Gesundheitszustand getätigt. Ein Auszug der wichtigsten Werte ist im Anhang in Tabelle A.3 abgebildet. Die Verfügbarkeit der Einzelzellspannungen lässt eine Bewertung dieser zu.

Die beim Fahrzeughersteller Volkswagen über die Diagnoseschnittstelle bereitgestellten Werte sind für die Modelle eUp, e-Golf und Golf GTE in

Tabelle A.4 im Anhang zusammengefasst. Bei den genannten Fahrzeugmodellen werden die batterierelevanten Werte wie Spannung, Strom, Ladezustand und Temperaturen bereitgestellt. Wie bei der MB C-Klasse Plug-in Hybrid stehen alle Einzelzellspannungen zur Verfügung. Dagegen sind keine Informationen zum Gesundheitszustand der Zelle abrufbar. Abbildung 5.20 zeigt den Strom- und Spannungsverlauf bei einer Fahrt mit einem Golf GTE. Aus den aufgezeichneten Messdaten kann der ohmsche Widerstand berechnet werden. Mit der zur Verfügung stehenden Temperatur kann eine weitere entscheidende Einflussgröße bei der Bewertung berücksichtigt werden.

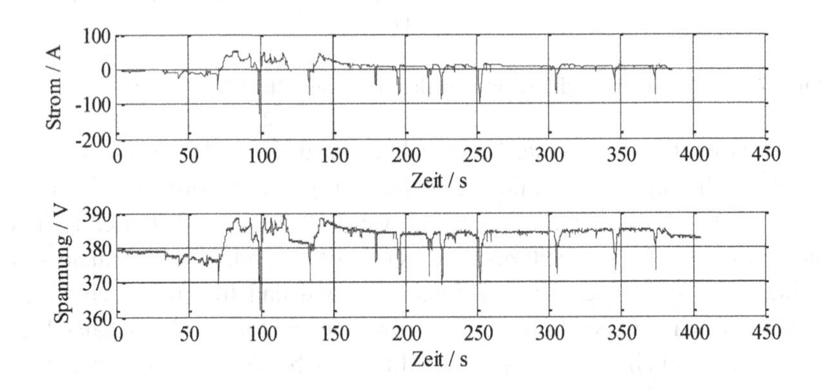

Abbildung 5.20: Strom- und Spannungsverlauf bei einem VW Golf GTE

Erste Untersuchungen an diversen Fahrzeugmodellen lassen den Schluss zu, dass die entwickelte Methode in diesen Fahrzeugmodellen anwendbar ist, da die notwendigen Messwerte zur Verfügung stehen. Die in dieser Methode genutzte Schnittstelle zum Fahrzeug ist genormt und ist in allen Fahrzeugen vorhanden. Lediglich bei den verfügbaren Messdaten gibt es Unterschiede. Bei den sechs untersuchten Fahrzeugmodellen kann lediglich bei der Hälfte eine Bewertung auf Zellebene durchgeführt werden, da nur in diesen Fahrzeugen die Einzelzellspannungen bereitgestellt werden. Eine der wichtigsten Einflussgrößen, die Temperatur in der HV-Batterie, steht bei allen Fahrzeugmodellen zur Verfügung. Aufgrund der geringen Anzahl an verfügbaren Fahrzeugen der einzelnen Modelle sind keine Aussagen zur Alterung, wie beispielsweise der Verlauf des ohmschen Widerstands über der Kapazität unter Berücksichtigung der Temperatur, möglich.

5.5 Zusammenfassung und Bewertung

Die entwickelte Methode lässt eine Untersuchung des Energiespeichers von Hybrid- und Elektrofahrzeugen zu, indem über die genormte OBD-Buchse relevante Messwerte abgefragt und diese ausgewertet werden können. Dieser neue Ansatz kombiniert die verfügbaren Diagnosemöglichkeiten am Fahrzeug mit den am Prüfstand gewonnenen Erkenntnissen hinsichtlich des Alterungsverhaltens von Energiespeichern. Die Methode ermöglicht, ohne den Einsatz von zusätzlichen Sensoren, die objektive Bewertung der Hochvolt-Batterie für verschiedene Fahrzeugmodelle. Ein prototypisch-aufgebautes Testsystem übernimmt dabei die Rolle des Testers. Der fahrzeugspezifische Diagnosetester wird nach einer einmaligen methodischen Analyse der CAN-Botschaften nicht benötigt.

Die Methode ist in einem Diagnose-Verfahren eingebettet. Der Ablauf des Verfahrens am Fahrzeug wird über eine geführte Diagnose gesteuert und stetig überprüft. So kann sichergestellt werden, dass die erforderlichen Werte korrekt aufgezeichnet werden. Für die Durchführung der Untersuchung am Fahrzeug müssen folgende Schritte absolviert werden: Zu Beginn der geführten Diagnose wird das zu untersuchende Hybrid- oder Elektrofahrzeugmodell ausgewählt. Die Diagnose-Messung und die Messfahrt werden im Anschluss durchgeführt. Dabei wird nach jedem Teilschritt überprüft, ob die relevanten Daten verfügbar und korrekt, im Sinne von plausibel, aufgezeichnet wurden. Bei der Messfahrt wird darüber hinaus die einwandfreie Durchführung und Gültigkeit der beiden Fahrmanöver überprüft. Eine negative Bewertung eines Teilschrittes zieht eine Wiederholung nach sich. Die Ergebnisse aller untersuchten Fahrzeuge werden in einer Datenbank hinterlegt.

Die gespeicherten Ergebnisse in der Datenbank können im nächsten Schritt eingesetzt werden, um zum einen einen Überblick der relevanten Werte in

Form eines Berichts über das Fahrzeug zu geben und zum anderen eine Beurteilung des Fahrzeugs zu erstellen. Mit dieser automatisch erstellten Beurteilung kann eine Einordnung des untersuchten Fahrzeugs im Vergleich zu anderen bereits untersuchten Fahrzeugen des identischen Modells mit einer ähnlichen oder datenbankgestützten und interpolierten Laufleistung vorgenommen werden. Diese Kennlinien werden laufend aktualisiert und nehmen so an Genauigkeit zu. Es handelt sich somit um einen lernenden Bewertungsalgorithmus.

Der praktische Nachweis der neuen Methodik wurde an zwei Fahrzeugmodellen mit über 350 Testobjekten erbracht. Die Ergebnisse zeigen bei beiden untersuchten Fahrzeugmodellen die Möglichkeit einer Bewertung des Energiespeichers unter Berücksichtigung der Temperatur. Die Übertragbarkeit und Anwendung an weiteren Modellen ist mit minimalem Aufwand zu realisieren.

5.6 Einschränkung der Methode

Die Aussagekraft der Methode ist abhängig von der Qualität und der Frequenz der bereitgestellten Fahrzeugdaten. Für die Qualität der Daten spielt die Genauigkeit eine entscheidende Rolle. Diese ist in der Regel nicht bekannt. Es kann aber davon ausgegangen werden, dass diese vom Fahrzeughersteller mit einer ausreichenden Genauigkeit bereitgestellt werden, da diese auch für das interne Batteriemanagement verwendet werden. Die Frequenz der Messdaten bei der Messfahrt ist für die Ermittlung des ohmschen Widerstands von entscheidender Bedeutung. Eine zu niedrige Frequenz der Daten kann dazu führen, dass die ermittelten Werte für Stromimpuls und Spannungsabfälle zu niedrig erfasst werden. Bei den beiden untersuchten Fahrzeugen liegen die Frequenzen bei 1 Hz beim Smart ED und bei 10 Hz für den Citroën cZero. Bei letzterem Fahrzeug ist dies ausreichend. Beim Smart ED muss bei der Auswertung der beiden Fahrmanöver sichergestellt werden, dass ein korrekter Verlauf aufgezeichnet wird.

Die genannten Einschränkungen der Methode können als Anforderung an die Fahrzeughersteller verstanden werden, um eine objektive Bewertung des Energiespeichers im Fahrzeug durch Dritte zu ermöglichen. Idealerweise stehen die Einzelzellspannungen, der Strom, die Batterietemperaturen, die Kapazität des Gesamtmoduls und die Fahrzeuggeschwindigkeit mit einer Frequenz von 10 Hz zur Verfügung.

6 Zusammenfassung und Ausblick

Die Anzahl der in Deutschland zugelassenen Hybrid- und Elektrofahrzeuge nimmt, vor dem Hintergrund des Ziels der Bundesregierung, im Jahr 2020 eine Million Elektrofahrzeuge auf deutschen Straßen zu haben, stetig zu. Einhergehend entsteht ein Bedarf an der Bewertung des im Fahrzeug verbauten Energiespeichers, da dieser einen großen Kostenanteil des Antriebsstrangs ausmacht. Darüber hinaus weisen Energiespeicher für den Einsatz in automobilen Anwendungen eine begrenzte Lebensdauer auf, bevor sie ersetzt und einem Sekundäreinsatz zugeführt werden können. Dieser Zeitpunkt muss zuverlässig identifiziert werden, da es sonst zu Leistungseinschränkungen und im schlimmsten Fall zu sicherheitskritischen Situationen kommen kann.

Die vorliegende Arbeit hat zum Ziel, den Energiespeicher in Hybrid- und Elektrofahrzeugen hinsichtlich des Gesundheitszustands methodisch zu bewerten. Die Ergebnisse des Verfahrens zur Bewertung von Energiespeichern in Hybrid- und Elektrofahrzeugen zeigen bei Felduntersuchungen Möglichkeiten zur Lösung der eingangs beschriebenen Herausforderungen.

Kapitel 2 gibt einen Überblick über den Stand der Technik. Eine Übersicht über die Funktionsweise und Eigenschaften von Lithium-Ionen Zellen bildet die Grundlage. Dazu gehören weiterhin das Alterungsverhalten der Lithium-Ionen Zellen mit den auslösenden chemischen Prozessen innerhalb der Zelle und ein Ausblick auf die weitere Entwicklung der Lithium-Ionen Technologie. Lithium-Ionen Zellen sind aufgrund ihrer Eigenschaften anderen Zellen überlegen. Es folgt eine kurze Darstellung aktueller Hybrid- und Elektrofahrzeuge, bevor auf die Fahrzeugdiagnose allgemein und spezifisch hinsichtlich der zu untersuchenden Fahrzeuge eingegangen wird, da mithilfe dieser über die OBD-Schnittstelle Fahrzeugsysteme sicher und ganzheitlich überwacht werden können. Dies kann zukünftig eine entscheidende Rolle spielen, wenn die Antriebsbatterie von den Fahrzeugherstellern als Zukaufteil betrachtet wird. Ferner werden Möglichkeiten zur Modellierung von Batterien vorgestellt.

Die Charakterisierung und Modellierung von Zellen ist Inhalt von Kapitel 3. Es werden Möglichkeiten aufgezeigt, in welcher Form das Verhalten von Zellen charakterisiert werden kann. Auf dem vorherigen Kapitel aufbauend wird ein eigenes Zellenmodell für eine Einzelzelle und für mehrere sowohl parallel als auch seriell verschaltete Zellen aufgebaut.

Ein Schwerpunkt dieser Arbeit liegt bei den Untersuchungen am Prüfstand, die in Kapitel 4 vorgestellt werden. Es werden neben Einzelzellen auch parallel verschaltete Zellen unter verschiedenen Randbedingungen wie Temperatur, Entladehub und unterschiedliche Gesundheitszustände untersucht. Der dazu eingesetzte Testzyklus basiert auf Messfahrten mit einem Elektrofahrzeug auf einem repräsentativen Rundkurs und wird so oft durchlaufen, bis ein Gesundheitszustand von 80 % erreicht ist. Die Ergebnisse der Untersuchungen am Prüfstand zeigen, dass der ohmsche Widerstand bei Berücksichtigung der Temperatur als Indikator für den Gesundheitszustand herangezogen werden kann.

Basierend auf dieser Erkenntnis wird in Kapitel 5 eine neue Methode entwickelt und in der Praxis an zwei Elektrofahrzeugmodellen angewendet. Über die in den neueren Fahrzeugen verfügbare OBD-Schnittstelle wird mit den verbauten Fahrzeugsteuergeräten kommuniziert. Die erforderlichen Messwerte für die Bewertung des Energiespeichers werden während zwei definierten Fahrmanövern aufgezeichnet und auf ihre Plausibilität untersucht. Anschließend bilden diese die Basis für die Berechnung des Gesundheitszustands des Energiespeichers. Ferner werden allgemeine und batterierelevante Werte aufgezeichnet und in einer Datenbank abgespeichert. Somit ist mit jedem weiteren untersuchten Fahrzeug eine größere Datenmenge vorhanden, um das aktuell untersuchte Fahrzeug im Vergleich zu den bereits untersuchten Fahrzeugen einzuordnen. Dabei kommt ein lernender Bewertungsalgorithmus zum Einsatz. Die entwickelte Methode basiert auf den im Fahrzeug zur Verfügung stehenden Daten. Es werden keine zusätzlichen Sensoren benötigt. Neben den zwei untersuchten Elektrofahrzeugmodellen mit insgesamt über 350 Fahrzeugen wurden bereits erste Untersuchungen hinsichtlich der Übertragbarkeit der Methode auf weitere Modelle anderer Hersteller durchgeführt. Die Ergebnisse zeigen, dass eine Übertragung mit minimalem Aufwand auf diese Fahrzeugmodelle und somit die Erweiterbarkeit der

Datenbank möglich ist. Die Qualität der erfassten und ermittelten Daten hängt von der Bereitstellung der Fahrzeugmessdaten hinsichtlich der Genauigkeit und der Frequenz ab. Bei den untersuchten Modellen werden die Werte in einer ausreichenden Qualität bereitgestellt.

Für Prüforgane und Werkstätten wird die neutrale und zuverlässige Bewertung des Energiespeichers zunehmend an Bedeutung gewinnen, da Hybrid- und Elektrofahrzeuge eine immer größere Rolle spielen werden und die Lebenszeit von Fahrzeugen in der Regel über der für einen Energiespeicher versprochenen Lebensdauer liegt.

Die entwickelte Methode ermöglicht den Prüforganen und Werkstätten die Untersuchung von Hybrid- und Elektrofahrzeugen. Neben der Aufnahme der über die OBD-Schnittstelle vom Fahrzeugsteuergerät bereitgestellten Daten, werden mit den Fahrmanövern zusätzlich dynamische Werte aufgenommen. Basierend auf diesen Werten kann unter Berücksichtigung der Randbedingungen der Gesundheitszustand des Energiespeichers bewertet werden. Die Ergebnisse und Erkenntnisse der Arbeit zeigen die universelle Anwendbarkeit dieser neuen Methode an weiteren Fahrzeugmodellen mit minimalem Aufwand.

Die vorgestellte Methode kann an beliebigen Hybrid- und Elektrofahrzeugen eingesetzt werden, die über die genormte OBD-Schnittstelle und die erforderlichen Messwerte auf dem CAN-Bus verfügen. Ein angestrebter Wechsel der Diagnoseschnittstelle auf Ethernet/IP würde Anpassungen bei der Anwendung der Methode erfordern. Ein schlüssiger nächster Entwicklungsschritt ist der Umstieg von der bisher kabelgebundenen konduktiven auf eine drahtlose Anwendung des Diagnose-Verfahrens, indem ein OBD-Adapter eingesetzt wird. Im Zuge dessen könnten die im Rahmen dieser Arbeit eingesetzten Software-Programme durch eine Application (App) ersetzt werden und so einen Einsatz auf mobilen Endgeräten ermöglichen. Mit einer App könnte ein Endanwender aufgrund der geführten Diagnose ohne Expertenwissen eine Untersuchung vornehmen und das Ergebnis automatisch in die Datenbank stellen, um die Genauigkeit der ermittelten Kennlinie zu erhöhen. Herausforderungen bei diesem Entwicklungsschritt sind der Schutz und die Sicherheit der Kommunikation und der Daten.

Literaturverzeichnis

[1] Die Bundesregierung: *Nationaler Entwicklungsplan Elektromobilität der Bundesregierung*; 2009

[2] Banaei A., Fahimi B.: *Real Time Condition Monitoring in Li-Ion Batteries via Battery Impulse Response*; In: Vehicle Power and Propulsion Conference (VPPC), S. 1–6; IEEE; 1.–3. Sept. 2010; ISBN 978-1-4244-8220-7

[3] Fetzer J.: *Li-Ion Batteries go Automotive - Trends, Technologies, Value chain*; Vortrag: Technologieführer der Automobilindustrie stellen sich vor, Universität Stuttgart; 29.04.2013

[4] Arbeitsgruppe 2 „Batterietechnologie“ und Unterarbeitsgruppe 2.2 „Zell- und Batterieproduktion“ der Nationalen Plattform Elektromobilität (NPE), Gemeinsame Geschäftsstelle Elektromobilität der Bundesregierung (GGEMO) (Hrsg.): *Roadmap integrierte Zell- und Batterieproduktion Deutschland*, Berlin; Januar 2016

[5] Frank E.: *Sicherheitsbetrachtungen bei Prüfungen von Li-Ionen Batterien in Klimaschränken*; Vortrag; Vötsch Industrietechnik GmbH; 02.10.2013

[6] Krützfeldt M. St., Reuss H.-C., Grimm M., Freuer A., Huynh P.-L., Bäker B. (Hrsg.), Unger A. (Hrsg.): *Neue Herausforderungen an die Diagnose im Kraftfahrzeug: Elektrifizierung und Harmonisierung*; In: Diagnose in mechatronischen Fahrzeugsystemen VI; expert verlag, Renningen; 2013; ISBN 978-3-8169-3221-5

[7] Barcin B., Freuer A., Kanat B., Richter A., Liebl J. (Hrsg.), Siebenpfeiffer W. (Hrsg.): *Wettbewerbsfähige Diagnose und Instandsetzung*; In: ATZ extra 11, S. 14–19; Springer Vieweg, Wiesbaden; 2014; ISSN: 2195-1454

[8] Jossen A., Weydanz W.: *Moderne Akkumulatoren richtig einsetzen*; 1. Auflage; Inge Reichardt Verlag; 2006; ISBN 3-939359-11-4

[9] Deutsches Institut für Normung e.V.: *Akkumulatoren und Batterien mit alkalischen oder anderen nichtsäurehaltigen Elektrolyten - Lithium-Akkumulatoren und -batterien für tragbare Geräte*; DIN EN 61960; DKE Deutsche Kommission Elektrotechnik Elektronik Informationstechnik im DIN und VDE, Berlin; 2012

[10] Rothgang S., Baumhöfer T., Sauer D. U.: *Diversion of Aging of Battery Cells in Automotive Systems*; In: Vehicle Power and Propulsion Conference (VPPC), S. 1–6; IEEE; 27.–30. Okt. 2014

[11] Korthauer R. (Hrsg.): *Handbuch Lithium-Ionen-Batterien*; Springer Vieweg Verlag, Berlin, Heidelberg; 2013; ISBN 978-3-642-30652-5

[12] Möller K.C., Winter M.: *Primäre und wiederaufladbare Lithium-Batterien*; Script zum Praktikum Anorganisch-Chemische Technologie; Institut für Chemische Technologie Anorganischer Stoffe, TU Graz; Februar 2005

[13] Dreschinski A.: *Vorausschauende Betriebsstrategie für einen seriellen Hybridbus im Linienverkehr*; Dissertation; Expert Verlag, Renningen; 2013; ISBN 978-3-8169-3214-7

[14] Lamm A., Warthemann W., Soczka-Guth T., Kaufmann R., Spier B., Friebe P., Stuis H., Mohrdieck C.: *Lithium-Ionen Batterie - Erster Serieneinsatz im S 400 Hybrid*; In: ATZ 07-08/2009, S. 490–499; 2009; ISSN 0001-2785

[15] Fink H., Rees S., Fetzer J.: *Generation 2 Lithium-Ion battery systems - Technology trends and KPIs*; In: 15. Internationales Stuttgarter Symposium, S. 571–579; Springer Vieweg Verlag, Wiesbaden; 2015

[16] Kampker A. (Hrsg.), Schnettler A. (Hrsg.), Vallée D. (Hrsg.): *Elektromobilität - Grundlagen einer Zukunftstechnologie*; Springer Vieweg Verlag, Berlin, Heidelberg; 2013; ISBN 978-3-642-31985-3

[17] Beermann M., Jungmeier G., Wenzel A., Spitzer J., Canella L., Engel A., Schmuck M., Koller S.: *Quo Vadis Elektroauto? Grundlagen einer Road-Map für die Einführung von Elektro-Fahrzeugen in Österreich*; Bundesministerium für Verkehr, Innovationen und Technologie (BMVIT), Institut für Energieforschung, Graz; April 2010

[18] Hoyer C.: *Strategische Planung des Recyclings von Lithium-Ionen-Batterien aus Elektrofahrzeugen in Deutschland*; Dissertation; Technische Universität Braunschweig; Springer Gabler Verlag, Wiesbaden; 2015; ISBN 978-3-658-10273-9

[19] Sauer U., Kowal J.: *7. Batterietechnik Grundlagen und Übersicht*; In: MTZ 12/2012, S. 1000–1005; 2012; ISSN 0024-8525

[20] Autos und so: *BMW Elektromobilität Teil 1: BMW 1602 Elektro (1972)*; 11.12.2012; http://autosundso.blogspot.de/2012/12/bmw-elektromobilitat-teil-1-bmw-1602.html; Stand vom: 29.01.2016

[21] Kowal J., Drillkens J., Sauer D. U.: *9. Superkondensatoren Elektrochemische Doppelschichtkondensatoren*; In: MTZ 02/2013, S. 158–163; 2013; ISSN 0024-8525

[22] Schmidt J. P.: *Verfahren zur Charakterisierung und Modellierung von Lithium-Ionen Zellen*; Dissertation; Karlsruher Institut für Technologie; 2013; ISBN 978-3-7315-0115-2

[23] Moore S., Schneider P.: *A Review of Cell Equalization Methods for Lithium Ion and Lithium Polymer Battery Systems*; SAE Technical Paper 2001-01-0959; 2001

[24] Cao J., Schofield N., Emadi A.: *Battery Balancing Methods: A Comprehensive Review*; In: Vehicle Power and Propulsion Conference (VPPC), S. 1–6; IEEE; 3.–5. Sept. 2008; ISBN 978-1-4244-1848-0

[25] Hacker F., von Waldenfels R., Mottschall M.: *Wirtschaftlichkeit von Elektromobilität in gewerblichen Anwendungen*; Abschlussbericht; IKT für Elektromobilität, Berlin; April 2015

[26] Nationale Plattform Elektromobilität, Gemeinsame Geschäftsstelle Elektromobilität der Bundesregierung (GGEMO) (Hrsg.): *Fortschrittsbericht 2014 - Bilanz der Marktvorbereitung*, Berlin; 2014

[27] Schlick T., Hagemann B., Kramer M., Garrelfs J., Rassmann A.: *Zukunftsfeld Energiespeicher - Marktpotenziale standardisierter Lithium-Ionen-Batteriesysteme*; Studie; Roland Berger Strategy Consultants; Oktober 2012

[28] Cobb J.: *GM Says Li-ion Battery Cells Down To $145/kWh and Still Falling*; 2015; http://www.hybridcars.com/gm-ev-battery-cells-down-to-145kwh-and-still-falling/; Stand vom: 24.11.2015

[29] e-mobil BW GmbH (Hrsg.), Fraunhofer-Institut für Arbeitswirtschaft und Organisation (Hrsg.), Ministerium für Finanzen und Wirtschaft Baden-Württemberg (Hrsg.): *Strukturstudie BWeMobil 2015: Elektromobilität in Baden-Württemberg*; 3. geänderte Auflage; 2015

[30] Pillot C.: *Battery Market Development for Consumer Electronics, Automotive, and Industrial: Materials Requirements and Trends*; Vortrag; 5th Israeli Power Sources Conference, Herzelia, Israel; 21. Mai 2015

[31] Friedrich K. A., Wagner N.: *Elektrochemische Energiespeicherung in Batterien*; Skript zur Vorlesung; Deutsches Zentrum für Luft- und Raumfahrt (DLR), Stuttgart; 2013

[32] Rahimzei E., Sann K., Vogel M.: *Kompendium: Li-Ionen-Batterien - Grundlagen, Bewertungskriterien, Gesetze und Normen*; IKT für Elektromobilität, Frankfurt; Juli 2015

[33] Amine K., Chen C.H., Liu J., Hammond M., Jansen A., Dees D., Bloom I., Vissers D., Henriksen G.: *Factors responsible for impedance rise in high power lithium ion batteries*; In: Journal of Power Sources 97-98, S. 684–687; 2001

[34] Broussely M., Herreyre S., Biensan P., Kasztejna P., Nechev K., Staniewicz R.J.: *Aging mechanism in Li ion cells and calendar life predictions*; In: Journal of Power Sources 97-98, S. 13–21; 2001

[35] Wohlfahrt-Mehrens M., Vogler C., Garche J.: *Aging mechanisms of lithium cathode materials*; In: Journal of Power Sources 127, S. 58–64; 2004

[36] Broussely M., Biensan Ph., Bonhomme F., Blanchard Ph., Herreyre S., Nechev K., Staniewicz R.J.: *Main aging mechanisms in Li ion batteries*; In: Journal of Power Sources 146, S. 90–96; 2005

[37] Sarre G., Blanchard P., Broussely M.: *Aging of lithium-ion batteries*; In: Journal of Power Sources 127, S. 65–71; 2004

[38] Vetter J., Novák P., Wagner M. R., Veit C., Möller K.-C., Besenhard J. O., Winter M., Wolfahrt-Mehrens M., Volgler C., Hammouche A.: *Ageing mechanisms in lithium-ion batteries*; In: Journal of Power Sources 147, S. 269–281; 2005

[39] Herb F.: *Alterungsmechanismen in Lithium-Ionen-Batterien und PEM-Brennstoffzellen und deren Einfluss auf die Eigenschaften von daraus bestehenden Hybrid-Systemen*; Dissertation; Universität Ulm; 2010

[40] Schaible B., Nendwich W., Wirtschaftsförderung Region Stuttgart GmbH (Hrsg.): *Ausbau der Wertschöpfungskette für Batteriesysteme in der Region Stuttgart*; Analyse und Handlungsempfehlungen; Dezember 2011

[41] Hannig F., Smolinka T., Bretschneider P., Nicolai S., Krüger S., Meißner F., Voigt M.: *Stand und Entwicklungspotenzial der Speichertechniken für Elektroenergie – Ableitung von Anforderungen an und Auswirkungen auf die Investitionsgüterindustrie*; Abschlussbericht BMWi-Auftragsstudie 08/28; 30.06.2009

[42] Toyota Motor Corporation: *Research Progress: Next Generation Secondary Batteries*; http://www.toyota-global.com/innovation/environmental_technology/next_generation_secondary_batteries.html; Stand vom: 29.12.2015

[43] Van Noorden R.: *A better battery*; In: Nature 507; 06.03.2014

[44] Scrosati B., Garche J.: *Lithium batteries: Status, prospects and future*; In: Journal of Power Sources 195, S. 2419–2430; 2010

[45] Dinger A., Martin R., Mosquet X., Rabl M., Rizoulis D., Russo M., Sticher G.: *Batteries for Electric Cars: Challenges, Opportunities, and the Outlook to 2020*; Boston Consulting Group; 2010

[46] Pfaffenbichler P. C., Emmerling B., Jellinek R., Krutak R., Österreichische Energieagentur (Hrsg.): *Pre-Feasibility-Studie zu "Markteinführung Elektromobilität in Österreich"*, Wien; 2009

[47] Recharge aisbl: *E-mobility Roadmap for the EU battery industry*, Brüssel; Juli 2013

[48] Hartnig C., Krause T.: *Neue Materialkonzepte für Lithium-Ionen-Batterien*; In: ATZ elektronik 03/2011, S. 18–23; 2011; ISSN 1862-1791

[49] Wallentowitz H., Freialdenhoven A.: *Strategien zur Elektrifizierung des Antriebsstranges*; Vieweg+Teubner Verlag, Wiesbaden; 2011; ISBN 978-3-8348-1412-8

[50] Kunert U., Radke S., Chlond B., Kagerbauer M.: *Auto-Mobilität: Fahrleistungen steigen 2011 weiter*; In: DIW Wochenbericht; 47/2012

[51] Liebl J., Lederer M., Rohde-Brandenburger K., Biermann J.W., Roth M., Schäfer H.: *Energiemanagement im Kraftfahrzeug*; Springer Vieweg Verlag; 2014; ISBN 978-3-658-04450-3

[52] BMW AG: *Technische Daten BMW i3*; http://www.bmw.de/de/neufahrzeuge/bmw-i/i3/2015/techdata.html; Stand vom: 26.11.2015

[53] BMW AG: *Technische Daten BMW i8*; http://www.bmw.com/com/de/newvehicles/i/i8/2014/showroom/technical_data.html; Stand vom: 26.11.2015

[54] Citroën Deutschland GmbH: *Der neue Citroën Berlingo Kastenwagen - Preisliste*; 2015

[55] Citroën Deutschland GmbH: *Citroën cZero Airdream*; 2012

[56] Ford-Werke GmbH: *Ford Focus Electric*; 2015

[57] Daimler AG: *B-Klasse Sports Tourer*; 2015

[58] Daimler AG: *Mercedes-Benz C-Klasse Limousine: Modelle*; http://www.mercedes-benz.de/content/germany/mpc/ mpc_germany_website/de/home_mpc/passengercars/home/ new_cars/models/c-class/w205/facts/technicaldata/models.html; Stand vom: 26.11.2015

[59] Focus Online: *C-Klasse mit Stecker: Teilelektrischer Kombi von Mercedes*; http://www.focus.de/auto/elektroauto/fahrbericht-mercedes-c-350e-mit-plug-in-hybrid-c-klasse-mit-hohem-iq_id_4555531.html; Stand vom: 26.11.2015

[60] Daimler AG: *Der Vito E-Cell*; 2015

[61] Mercedes-AMG GmbH: *SLS AMG Coupé Electric Drive*; http://www.mercedes-amg.com/webspecial/sls_e-drive/deu.php; Stand vom: 26.11.2015

[62] MMD Automobile GmbH: *Electric Vehicle - Preise, Ausstattungen und technische Daten*; 2015

[63] Nissan Center Europe GmbH: *Nissan Leaf*; 2015

[64] Adam Opel AG: *Opel Ampera - Preise, Ausstattungen und technische Daten*; 2014

[65] Peugeot Deutschland GmbH: *Peugeot iOn - Preise, Ausstattungen und technische Daten*; 2015

[66] Dr. Ing. h.c. F. Porsche AG: *Der Panamera - Kraft der Gegensätze*; 2015

[67] Renault Deutschland GmbH: *Der Renault Kangoo Z.E. - Preise und Ausstattungen*; 2014

[68] Renault Deutschland GmbH: *Der Renault Twizy - Preise und Ausstattungen*; 2015

[69] Renault Deutschland GmbH: *Der neue Renault Zoe - Preise und Ausstattungen*; 2015

[70] Daimler AG: *Smart fortwo & Smart Brabus Electric Drive*; 2014

[71] Tesla Motors: *Model S*; https://www.teslamotors.com/de_DE/models; Stand vom: 26.11.2015

[72] Tesla Motors: *Model X*; https://www.teslamotors.com/de_DE/modelx; Stand vom: 26.11.2015

[73] Tesla Motors: *Roadster: Features & Technische Daten*; https://my.teslamotors.com/de_DE/roadster/specs; Stand vom: 26.11.2015

[74] Wikipedia: *Tesla Roadster*; https://de.wikipedia.org/wiki/Tesla_Roadster; Stand vom: 26.11.2015

[75] Scharzer C. M.: *Er lädt und lädt und lädt*; In: Zeit Online; 22. August 2014; http://www.zeit.de/mobilitaet/2014-08/elektroauto-volkswagen-golf; Stand vom: 26.11.2015

[76] Volkswagen AG: *e-load up!*; http://www.volkswagen.de/de/models/up/varianten.s9_trimlevel_detail.suffix.html/e-load-up-1~2Fe-load-up-.html#/tab=3c07d37e5f2a1c78a68de2613c95dcef; Stand vom: 26.11.2015

[77] Stegemann B.: *Test VW Golf GTE: GTI macht blau*; In: Auto, Motor und Sport 23/2014; 2014

[78] Zimmermann W., Schmidgall R.: *Bussysteme in der Fahrzeugtechnik*; Springer Vieweg, Wiesbaden; 2014; ISBN 978-3-658-02418-5

[79] International Organization for Standardization (Hrsg.): *ISO 15031 - Road vehicles - Communication between vehicle and external equipment for emissions-related diagnostics Part 3: Diagnostic connector and related electrical circuits, specification and use*; 2004

[80] Roscher M. A.: *Zustandserkennnung von LiFePO4-Batterien für Hybrid- und Elektrofahrzeuge*; Dissertation; Shaker Verlag, Herzogenrath; 2011; ISBN 978-3-8322-9738-1

[81] Tsang K. M., Chan W. L., Wong Y. K., Sun L.: *Lithium-ion Battery Models for Computer Simulation*; In: Proceedings of the 2010 IEEE International Conference on Automation and Logistics, S. 98–102, Hong Kong and Macau; 2010; ISBN 978-1-4244-8375-4

[82] Tröltzsch U.: *Modellbasierte Zustandsdiagnose von Gerätebatterien*; Dissertation; Universität der Bundeswehr München; 2005

[83] Keil P., Jossen A.: *Aufbau und Parametrierung von Batteriemodellen*; In: 19. Design & Elektronik-Entwicklerforum Batterien & Ladekonzepte, München; Februar 2012

[84] Quantmeyer F., Kießling J., Liu-Henke X.: *Modellbildung und Identifikation der Energiespeicher für Elektrofahrzeuge*; In: ASIM STS/GMMS Workshop 2013, Düsseldorf; 28.02.–01.03.2013

[85] Hu X., Li S., Peng H.: *A comparative study of equivalent circuit models for Li-ion batteries*; In: Journal of Power Sources 198, S. 359–367; 2012

[86] Dubarry M., Vuillaume N., Liaw B. Y.: *From single cell model to battery pack simulation for Li-ion batteries*; In: Journal of Power Sources 186, S. 500–507; 2009

[87] Chen M., Rincón-Mora G. A.: *Accurate Electrical Battery Model Capable of Predicting Runtime and I-V Performance*; In: IEEE Transactions on Energy Conversion Vol. 21, No. 2, S. 504–511; 2006; ISSN 0885-8969

[88] Bohlen O.: *Impedance-based battery monitoring*; Dissertation; Shaker Verlag, Herzogenrath; 2008; ISBN 978-3-8322-7606-5

[89] Andre D., Meiler M., Steiner K., Wimmer C., Soczka-Guth T., Sauer D. U.: *Characterization of high-power lithium-ion batteries by eletrcochemical impedance spectroscopy. I. Experimental investigation*; In: Journal of Power Sources 196, S. 5334–5341; 2011

[90] Huet F.: *A review of impedance measurements for determination of the state-of-charge or state-of-health of secondary batteries*; In: Journal of Power Sources 70, S. 59–69; 1998

[91] Singh P., Vinjamuri R., Wang X., Reisner D.: *Fuzzy logic modeling of EIS measurements on lithium-ion batteries*; In: Electrochimica Acta 51, S. 1673–1679; 2006

[92] Zenati A., Desprez P., Razik H.: *Estimation of the SOC and the SOH of Li-ion Batteries, by combining Impedance Measurements with the Fuzzy Logic Inference*; In: IECON 2010 - 36th Annual Conference on IEEE Industrial Electronics Society, S. 1773–1778, Glendale; 7.–10. Nov. 2010; ISBN 978-1-4244-5226-2

[93] Waag W., Käbitz S., Sauer D. U.: *Experimental investigation of the lithium-ion battery impedance characteristic at various conditions and aging states and its influence on the application*; In: Applied Energy 102, S. 885–897; 2013

[94] Buller S.: *Impedance-Based Simulation Models for Energy Storage Devices in Advanced Automotive Power Systems*; Dissertation; Shaker Verlag, Aachen; 2003; ISBN 978-3-8322-1225-4

[95] Krewer U., Lenze G.: *Experimentelle Analysemethoden für Batterien im Betrieb*; Vortrag; In: Diagnose in Batterieproduktion und -betrieb, Braunschweig; 17.02.2014

[96] Barré A., Deguilhem B., Grolleau S., Gérard M., Suard F., Riu D.: *A review on lithium-ion battery ageing mechanisms and estimations for automotive applications*; In: Journal of Power Sources 241, S. 680–689; 2013

[97] Tröltzsch U., Kanoun O., Tränkler H.R.: *Characterizing aging effects of lithium ion batteries by impedance spectroscopy*; In: Electrochimica Acta 51, S. 1664–1672; 2006

[98] Guo Z., Qiu X., Hou G., Liaw B. Y., Zhang C.: *State of health estimation for lithium ion batteries based on charging curves*; In: Journal of Power Sources 249, S. 457–462; 2014

[99] Banaei A., Khoobroo A., Fahimi B.: *Online Detection of terminal voltage in Li-ion Batteries via Battery Impulse Response*; In: Vehicle Power and Propulsion Conference (VPPC), S. 194–198; IEEE; 7.–10. Sept. 2009; ISBN 978-1-4244-2601-0

[100] Ratnakumar B. V., Smart M. C., Whitcanack L. D., Ewell R. C.: *The impedance characteristics of Mars Exploration Rover Li-ion batteries*; In: Journal of Power Sources 159, S. 1428–1239; 2006

[101] Zhao S., Wu F., Yang L., Gao L., Burke A. F.: *A measurement method for determination of dc internal resistance of batteries and supercapacitors*; In: Electrochemistry Communications 12, S. 242–245; 2010

[102] Schweiger H.G., Obeidi O., Komesker O., Raschke A., Schiemann M., Zehner C., Gehnen M., Keller M., Birke P.: *Comparison of Several Methods for Determining the Internal Resistance of Lithium Ion Cells*; Artikel; In: Sensors 10, S. 5604–5625; 2010; ISSN 1424-8220

[103] Anseán D., González M., Viera J. C., Álvarez J. C., Blanco C., García V. M.: *Electric Vehicle Li-ion Battery Evaluation based on Internal Resistance Analysis*; In: Vehicle Power and Propulsion Conference (VPPC), S. 1–6; IEEE; 27.–30. Okt. 2014

[104] Remmlinger J., Buchholz M., Meiler M., Bernreuter P., Dietmayer K.: *State-of-health monitoring of lithium-ion batteries in electric vehicles by on-board internal resistance estimation*; In: Journal of Power Sources 196, S. 5357–5363; 2011

[105] Remmlinger J., Buchholz M., Soczka-Guth T., Dietmayer K.: *On-board state-of-health monitoring of lithium-ion batteries using linear parameter-varying models*; In: Journal of Power Sources 239, S. 689–695; 2013

[106] Barré A., Suard F., Gérard M., Riu D.: *Battery Capacity Estimation and Health Management of an Electric Vehicle Fleet*; In: Vehicle Power and Propulsion Conference (VPPC), S. 1–6; IEEE; 27.–30. Okt. 2014

[107] Andre D., Meiler M., Steiner K., Walz H., Soczka-Guth T., Sauer D. U.: *Characterization of high-power lithium-ion batteries by eletrochemical impedance spectroscopy. II. Modelling*; In: Journal of Power Sources 196, S. 5349–5356; 2011

[108] Langer C.: *Modellierung der Energieflüsse in einem Batteriepack*; Studienarbeit; Universität Stuttgart, IVK, Stuttgart; 2013

[109] Batterist LLC: *Product Specification Rechargeable Lithium Ion Polymer Battery*, Südkorea; 2012

[110] Baumhöfer T., Brühl M., Rothgang S., Sauer D. U.: *Production caused variation in capacity aging trend and correlation to initial cell performance*; In: Journal of Power Sources 247, S. 332–338; 2014

[111] BaSyTec GmbH: *Test protocols Technical data*, Asselfingen; 01.08.2011

[112] Isabellenhuette Heusler GmbH & Co. KG: *Preliminary Datasheet IVT-B*; 2010

[113] Binder GmbH: *Betriebsanleitung Umweltsimulations-Schränke für anspruchsvolle Temperaturprofile mit Bildschirm-Programmregler MB1*, Tuttlingen; 2011

[114] Jossen A.: *Fundamentals of battery dynamics*; In: Journal of Power Sources 154, S. 530–538; 2006

[115] Tesla Motors: *Battery - Increasing Energy Density Means Increasing Range*; 2010; http://my.teslamotors.com/roadster/technology/battery; Stand vom: 12.06.2015

[116] Huynh P.-L., FKFS (Hrsg.): *Bordnetzmessungen am Elektrofahrzeug*; Internes Dokument; Abschlussbericht, Stuttgart; 2013

[117] Rumbolz P.: *Untersuchung der Fahrereinflüsse auf den Energieverbrauch und die Potentiale von verbrauchsreduzierenden Verzögerungsassistenzfunktionen im PKW*; Dissertation; Expert Verlag, Renningen; 2013; ISBN 978-3-8169-3228-4

[118] Huynh P.-L., Abu Mohareb O., Grimm M., Reuss H.-C., Mäurer H.-J., Richter A.: *Einfluss der Architektur von Lithium-Ionen Akkumulatoren auf deren charakterisierende Parameter und deren Bestimmung*; Vortrag; In: 3. Symposium Elektromobilität; Technische Akademie Esslingen, Ostfildern; 20. Mai 2014

[119] Huynh P.-L., Abu Mohareb O., Grimm M., Reuss H.-C., Mäurer H.-J., Richter A.: *State-of-Health estimation for a battery pack based on single cell parameters*; Vortrag; In: 6th International Conference on Polymer Batteries and Fuel Cells, Ulm; 05. Juni 2013

[120] Huynh P.-L., Abu Mohareb O., Grimm M., Reuss H.-C., Mäurer H.-J., Richter A.: *Impact of Cell Replacement on the State-of-Health for Parallel Li-Ion Battery Pack*; In: Vehicle Power and Propulsion Conference (VPPC), S. 1–6; IEEE; 27.–30. Okt. 2014

[121] Schmidt T., GmbH K. M. (Hrsg.): *Arbeiten unter Hochspannung - Nachgefragt bei Volker Sos*; In: Krafthand 1/2-2015; 2015

[122] Graf R., Wehner D., Held M., Eckert S., Faltenbacher M., Weidner S., Braune O., Bundesministerium für Verkehr und digitale Infrastruktur (Hrsg.): *Bewertung der Praxistauglichkeit und Umweltwirkungen von Elektrofahrzeugen - Zwischenbericht*; Korrigierte Version, Berlin; 2015

[123] Hackh J.: *Identifikation von relevanten Parametern bei der Messdatenauswertung*; Studienarbeit; Universität Stuttgart, IVK, Stuttgart; 2014

[124] Frohne H. (Hrsg.), Löcherer K.-H. (Hrsg.), Meins J. (Hrsg.), Scheithauer R. (Hrsg.), Weidenfeller H. (Hrsg.): *Moeller Grundlagen der Elektrotechnik*; 20. Auflage; B. G. Teubner Verlag, Wiesbaden; 2005; ISBN 3-519-66400-3

[125] Huynh P.-L., Grimm M., Reuss H.-C., Mäurer H.-J., Richter A.: *Spezifisches Verhalten von Lithium-Ionen-Akkumulatoren für elektrifizierte Fahrzeuge*; In: 5. E-Motive-Expertenforum Elektrische Fahrzeugantriebe, Fellbach; 2012

[126] Wosnitza F., Hilgers H. G.: *Energieeffizienz und Energiemanagement*; Springer Spektrum, Wiesbaden; 2012; ISBN 978-3-8348-1941-3

[127] Wilk C., Huynh P.-L., Grimm M., Reuss H.-C.: *Elektroantrieb-Nachrüstsätze für konventionelle Lieferwagen*; In: ATZ 12/2011, S. 998–1003; 2011; ISSN 0001-2785

[128] Heinz A., Krützfeldt M. St., Reuss H.-C., Grimm M., Mäurer H.-J., Ost T., Bäker B. (Hrsg.), Unger A. (Hrsg.): *Validierung von Diagnosewerkzeugen in Bezug auf die gesetzliche Abgasuntersuchung nach dem Standard ISO 27145 (WWH-OBD)*; In: Diagnose in mechatronischen Fahrzeugsystemen VIII; Verlag der Wissenschaften GmbH, Dresden; 2014; ISBN 978-3-944331-59-1

[129] Krützfeldt M. St., Bargende M. (Hrsg.), Reuss H.-C. (Hrsg.), Wiedemann J. (Hrsg.): *Verfahren zur Analyse und zum Test von Fahrzeugdiagnosesystemen im Feld*; Dissertation; In: Wissenschaftliche Reihe Fahrzeugtechnik Universität Stuttgart; Springer Vieweg, Wiesbaden; 2015; ISBN 978-3-658-08862-0

[130] Vector Informatik GmbH: *CANoe Installation & Quick Start Guide Version 7.6,* Stuttgart; 2011

[131] The MathWorks: *Matlab 2011b Getting Started Guide*, Natick; 2011

[132] Kraftfahrt-Bundesamt (Hrsg.): *Fahrzeugzulassungen (FZ) - Neuzulassungen und Besitzumschreibungen von Kraftfahrzeugen nach Emissionen und Kraftstoffen - Jahr 2011,* Flensburg; April 2012

[133] Kraftfahrt-Bundesamt (Hrsg.): *Fahrzeugzulassungen (FZ) - Neuzulassungen von Kraftfahrzeugen nach Umwelt-Merkmalen - Jahr 2012,* Flensburg; April 2013

[134] Kraftfahrt-Bundesamt (Hrsg.): *Fahrzeugzulassungen (FZ) - Neuzulassungen von Kraftfahrzeugen nach Umwelt-Merkmalen - Jahr 2013,* Flensburg; April 2014

[135] Kraftfahrt-Bundesamt (Hrsg.): *Fahrzeugzulassungen (FZ) - Neuzulassungen von Kraftfahrzeugen nach Umwelt-Merkmalen - Jahr 2014,* Flensburg; April 2015

[136] Schmidt B.: *Das E-Auto wird überschätzt*; In: Frankfurter Allgemeine Zeitung; 2011; http://www.faz.net/aktuell/technik-motor/auto-verkehr/fahrberichte/fahrt bericht-mitsubishi-i-miev-das-e-auto-wird-ueberschaetzt-1628088.html; Stand vom: 19.05.2015

[137] GreenGear.de: *Mitsubishi i-MiEV, Citroen C-Zero, Peugeot iOn: Elektro-Drillinge*; 2013; http://www.greengear.de/mitsubishi-i-miev-citroen-c-zero-peugeot-ion-elektroautos/; Stand vom: 16.04.2015

[138] Handelsblatt: *Flüstern und Hupen*; 2011; http://www.handelsblatt.com/auto/test-technik/test-mitsubishi-i-miev-fluestern-und-hupen/4224620.html; Stand vom: 16.04.2015

[139] Kraftfahrt-Bundesamt (Hrsg.): *Fahrzeugzulassungen (FZ) - Bestand an Kraftfahrzeugen nach Umwelt-Merkmalen*, Flensburg; April 2015

[140] Mercedes-Benz Bank: *Der kurze Weg zum smart*; 2015

[141] Brotz F., Isermeyer T., Pfender C., Heckenberger T.: *Kühlung von Hochleistungsbatterien für Hybridfahrzeuge*; In: ATZ 12/2007, S. 1156–1162; 2007; ISSN 0001-2785

Anhang

Darstellung der Kapazität über dem ohmschen Widerstand bei den Referenzmessungen in der ersten Abbildung A.1. Abbildung A.2 zeigt den Ladungsdurchfluss und die Anteile der beiden parallel verschalteten Zellen am Ladungsdurchfluss für die vier Referenzmessungen.

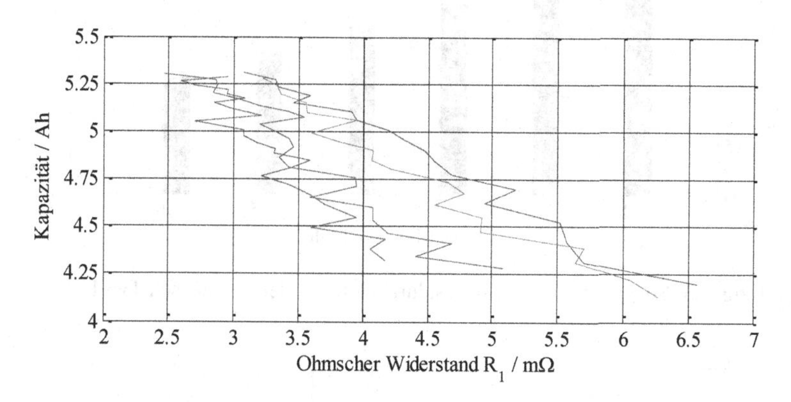

Abbildung A.1: Kapazität über Widerstand bei den Referenzmessungen

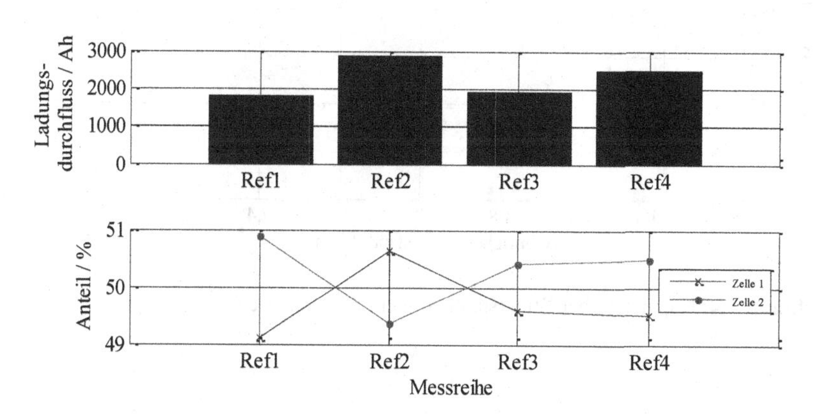

Abbildung A.2: Ladungsdurchfluss und -anteile bei den Referenzmessungen

Abbildung A.3 zeigt den SoH-Verlauf über der Anzahl der Testdurchläufe vor dem Zellaustausch. Abbildung A.4 zeigt den Verlauf der Kapazität über dem ohmschen Widerstand bei den Austauschmessungen mit zwei parallel verschalteten Zellen vor dem Austausch.

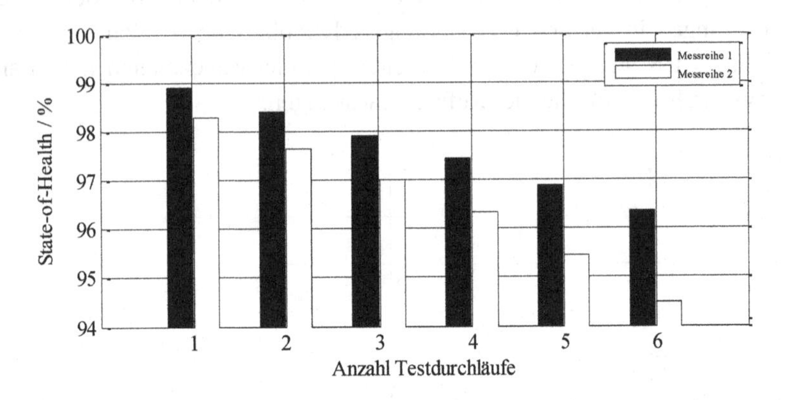

Abbildung A.3: SoH über Anzahl der Testdurchläufe vor dem Austausch Typ 1

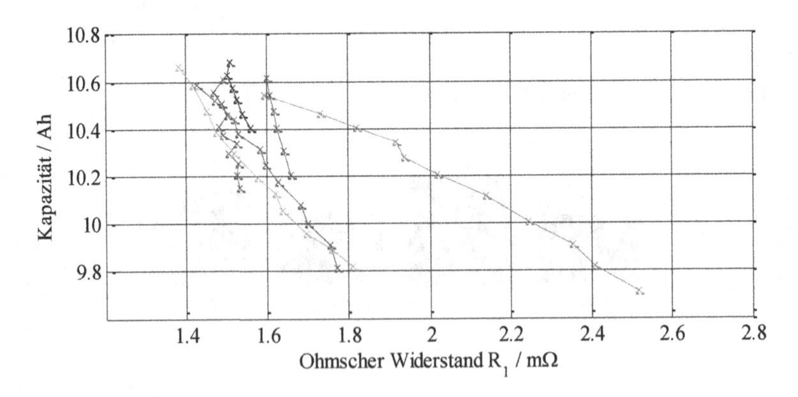

Abbildung A.4: Kapazität über Widerstand vor dem Zellaustausch

In Abbildung A.5 ist der Verlauf der Kapazität über dem ohmschen Widerstand für die Austauschmessungen nach dem Zellaustausch dargestellt. Abbildung A.6 zeigt den entsprechenden Verlauf für die drei parallel verschalteten Zellen.

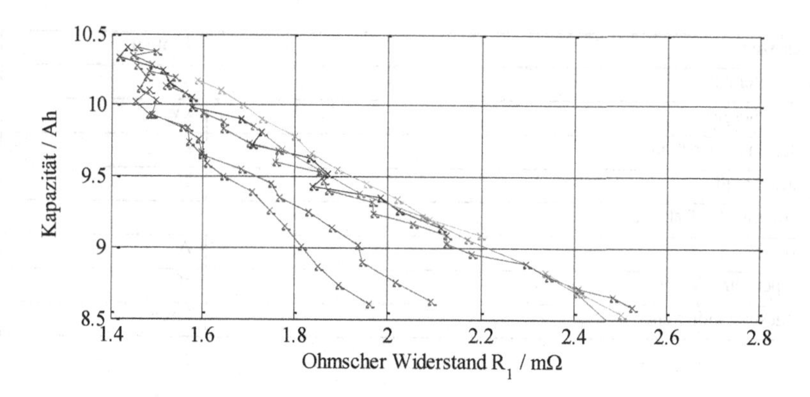

Abbildung A.5: Kapazität über Widerstand nach dem Zellaustausch

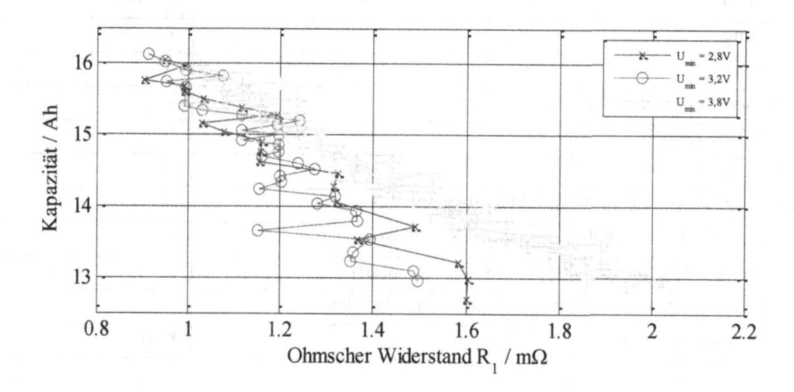

Abbildung A.6: Kapazität über Widerstand bei drei parallel verschalteten Zellen

Tabelle A.1 bis Tabelle A.4 zeigen Auszüge der Messdaten, die über den Diagnosetester zur Verfügung stehen und die für eine Anwendung der Methode in den entsprechenden Fahrzeugmodellen eingesetzt werden können.

Tabelle A.1: Auszug Messdaten bei einer MB B-Klasse ED

Messwert	Einheit
Kilometerstand	km
Max. Energie	kWh
Isolationswiderstand	kΩ
Ladezustand	%
Spannung HV-Batterie	V
Strom HV	A
Temperatur HV-Modul	°C
Radgeschwindigkeiten	km/h

Tabelle A.2: Auszug Messdaten bei einem MB eVito

Messwert	Einheit
Spannung HV-Batterie	V
Strom HV	A
Maximale/minimale Zellspannung	V
Gesundheitszustand	%
Ladezustand	%
HV Isolationswiderstand (Minus, Plus)	Ω
Schütze: Anzahl der Schaltzyklen (Normal, Volllast)	-
Schütze: Verbleibende Schaltzyklen (Normal, Volllast)	-
Temperaturen (u. a. HV-Batterie, Ladegerät, Motorkühlung)	°C
Radgeschwindigkeiten	km/h

Tabelle A.3: Auszug Messdaten bei einer MB C-Klasse Plug-in Hybrid

Messwert	**Einheit**
Kilometerstand	km
Spannung der Hochvoltbatterie	V
Stromwert der Hochvoltbatterie	A
Ladezustand der Hochvoltbatterie	%
Batteriezelle - Maximale/minimale Spannung	V
Batteriezelle - Durchschnittliche Spannung	V
Batteriezelle - Einzelzellspannungen	V
Temperaturen HV-Modul (Maximal-/Minimalwert)	°C
Fahrzeuggeschwindigkeit	km/h

Tabelle A.4: Auszug Messdaten bei den Modellen VW eUp, e-Golf und Golf GTE

Messwert	**Einheit**
Kilometerstand	km
Spannung der Hochvolt-Batterie	V
Strom der Hochvolt-Batterie	A
Batterieladezustand	%
Batterietemperatur	°C
Batteriezelle - Einzelzellspannungen	V
Fahrzeuggeschwindigkeit	km/h

Printed in the United States
By Bookmasters

Printed in the United States
By Bookmasters